自适应学习

人工智能时代的教育革命

（第2版）

李 韧 ◎ 著

清华大学出版社

北京

内 容 简 介

　　本书以浅显生动的语言讲述人工智能与自适应学习将如何改变教育。当下人工智能正悄悄影响着社会生活与教育体系的各个层面，对全世界的学习与教育活动，都将产生极为深远的影响。得益于人工智能、自适应学习，自孔子以来人类两千年历史上第一次，我们可以有机会真正实现"因材施教"的伟大教育理念，跨越过去难以克服的重重阻碍，让教育真正实现"个性化"，积极改善教学的成效，"复制"最卓越的教师，让优秀教师不再是"稀缺资源"。学校可以更有效地进行教育改革，政府部门也能用更低的成本实现教育公平。在这一刻，我们能够清晰地看到：一次全新的教育革命正在展开！

　　本书可作为高等院校教育学、教育技术、计算机专业高年级本科生、研究生的教材，也可作为广大教育科技工作者和教育管理者的参考用书。

图书在版编目（CIP）数据

自适应学习：人工智能时代的教育革命 / 李韧著. -- 2 版. -- 北京：清华大学出版社，2025.5.
ISBN 978-7-302-69064-1

Ⅰ. TP181

中国国家版本馆 CIP 数据核字第 2025ZS3644 号

策划编辑：白立军
责任编辑：杨 帆 薛 阳
封面设计：杨玉兰
责任校对：郝美丽
责任印制：刘海龙

出版发行：清华大学出版社
　　　　　网　　　址：https://www.tup.com.cn，https://www.wqxuetang.com
　　　　　地　　　址：北京清华大学学研大厦 A 座　　　　　邮　　　编：100084
　　　　　社 总 机：010-83470000　　　　　　　　　　　　邮　　　购：010-62786544
　　　　　投稿与读者服务：010-62776969，c-service@tup.tsinghua.edu.cn
　　　　　质量反馈：010-62772015，zhiliang@tup.tsinghua.edu.cn
　　　　　课件下载：https://www.tup.com.cn，010-83470236
印 装 者：三河市科茂嘉荣印务有限公司
经　　销：全国新华书店
开　　本：185mm×230mm　　　　印　　张：14.25　　　　字　　数：236 千字
版　　次：2019 年 1 月第 1 版　　2025 年 6 月第 2 版　　印　　次：2025 年 6 月第 1 次印刷
定　　价：69.00 元

产品编号：102369-01

未来已来：人工智能时代的教育革命

互联网、信息技术发展这么多年后，来到了一个临界点，这就是人工智能时代的来临。

人工智能时代带来了新一轮工作革命。在律师行业，这个按小时付费的高薪职业，情况发生了变化：专业法律文件由机器人批量处理，成本仅是律师工作成本的1‰。在医院里，越来越多的专业医疗方案由机器给出，一部分医生的岗位被取代。

如果说工业革命让农民进城变成工人，信息革命让更多人坐进办公室成为白领，那么在人工智能时代，AI技术将会取代一切标准化、重复性的工作。

工作革命必然引发教育革命。

应对工作革命，必先启动教育革命。

工业革命时期，相对落后的德国率先提出了初等教育和高等教育改革，初等教育的普及较其他国家提前了数十年，使其迅速在工业革命中成为了领先的国家。

改革开放前，5亿以上的中国人接受了小学教育，让此后30多年的中国能接受全球化工业转移浪潮的冲击。

人类社会的每一次重大转型，都得益于对教育的重视和普及。

只有重视这些变革的学校与社会，才能在未来得以繁荣发展。

不应畏惧将来，因为未来的教学范围更广泛，教育更全面且更富启发性。

学校应当是启蒙、培育学习者的地方，而这场教育变革将使得全部学校都成为这样的圣地。

人工智能时代，需要重建教育。如何重建？

未来，人类需要更加了解自己，因为越了解自己，我们就越知道怎样做教育。

这不是正确的废话,这是方向。

我们对大脑——我们用来学习的器官的了解只比空白多一点!

我们是怎样学习的?

知识是怎样获取的?

大脑是怎样认知的?

知识是怎样加工的?

知识是怎样内化的?

怎样检验学习效果是科学合理的?

这一切一定要有度量,没有度量,就无从了解。

了解每个人是如何学习的正是自适应学习与人工智能在教育中的作用。

这意味着教育领域有了发生颠覆性变革的可能。

它不会完全取代教师,但确实向那些讲课照本宣科的教师提出了一个问题:如果互联网已经可以根据每个学生的特点提供相应的教学,学生为什么还要听你讲?自适应学习的产生意味着教师的职业围墙正在被打破,因材施教已经成为时代的必然,传统意义上的教师职能将会发生颠覆性的变化。

自适应学习与人工智能,是印刷术发明以来教育领域学习的革新,将颠覆和取代因成本过高而逐渐陷入困境的传统教育模式,是未来教育来临前的曙光。

教育正在经历一场彻底的变革,将会颠覆传统教育思维的新价值、新技术、新方法,向新学习时代成功迈进。这是一场人人受益的教育革命,一场不可回避的世界教育重大趋势与改革浪潮。

未来已来,我们需要理解与拥抱。

本书作者以浅显生动的语言讲述最前沿的理念——人工智能将如何转变教育。当下人工智能正悄悄影响着教育体系的各个层面,对全世界的学习与教育活动,必将产生极为深远的影响。Knewton、培生、IBM Watson 等教育公司的案例告诉我们,蓬勃发展的教育领域如何应用人工智能,教育不仅是"一人讲万人听"。因为人工智能,因为自适应学习,我们可以跨越过去难以克服的重重阻碍，让教育真正实现"个性化"，有机会真正实现两千年前孔子提出的"因材施教"的伟大教育理想，积极改善教学的成效，"复制"最卓越的教师，让优秀教师不再是"稀缺资源"。教师的工作不会被人工智能完全取代，但会变得更高效、更复杂。学校可以更有效地进行教育改革，政府部门也能用更低的成本实现教育公平。在这一刻，我们能够清晰地看到：一次全新的教育革命正在展开！

全书共六部分。

前言部分，未来已来，人工智能时代呼唤教育革命。展望未来，介绍全书内容。

第1章来临，着重介绍人工智能来临以及何为自适应学习。人工智能时代的来临并非幻觉，而由此带来工作焦虑和教育革命，令人反思教育人工智能可为教育带来什么，以及何为自适应学习。

第2章发展，介绍自适应学习国内外发展状况与应用案例。本章介绍了自适应学习在国内外的发展状况，列出国内外自适应学习产品，并详细介绍自适应学习的领导者Knewton、McGraw-Hill等企业机构。分析自适应学习在教学中应用的教学法、课程模式和课程设计，介绍自适应学习在K-12和高等教育中的应用。

第3章研究，着重讨论自适应学习是什么，以及自适应学习系统开发的算法与模型。深度辨析自适应学习与人工智能、个性化学习等概念的关系，介绍自适应学习的心理学、认知科学方面的学科理论，详细介绍自适应学习的自适应内容、自适应评测、自适应序列三大研究方向，细致剖析自适应学习内部系统构成，分析自适应学习的两大核心——系统模型与自适应引擎，以及两大基础技术——算法与数据。

第4章未来，介绍自适应学习和人工智能的未来发展方向。本章介绍自适应学习未来发展的可能和实现自适应学习的一些新技术，描绘人工智能时代的教育是什么样，以及教育人工智能的未来发展可能。

结束语部分，剖析教育技术的本质，直面问题：我们为什么会警惕、抗拒和恐惧技术改变我们的教育？技术乃是人类存在的方式，技术早已成就我们的教育，我们抗拒和恐惧只是因为技术间隔了我们与自然。

全书提供了大量应用实例，以及自适应学习系统开发的算法与模型。

本书可作为高等院校教育学、教育技术、计算机专业高年级本科生、研究生的教材,也可作为对自适应学习较为熟悉的开发人员、广大教育科技工作者和教育管理者、教育信息化工作者、教师、教育专家的参考用书。

2022年11月,ChatGPT横空出世,教育人工智能有了突飞猛进的发展,应出版社之邀,借再版之机,本书就基于大模型的自适应学习和教育人工智能展开论述。

虽然本书初稿写于2017年,但是,书中关于教育人工智能和自适应学习的论断,到现在仍未过时,可见当时对教育人工智能趋势的判断比较明智。再版新书,增加了与大模型相关的教育人工智能发展的辨析与阐释。另外,填补了一项初版的遗憾,即很多读者在来信中表达了对自适应学习内容的浓厚兴趣,然而缺乏可用的自适应系统进行实际研发与应用。为了弥补这一不足,特意增设一节,详细介绍OATutor开源自适应学习系统的开发与应用,同时提供了众多相关资源,旨在帮助热衷于自适应学习的教师和程序员使用和开发,来构建自己的教育人工智能系统。

李　韧

2025年2月

目 录

第 *1* 章

来　临

1.1　人工智能时代来临，教育为何焦虑

1.1.1　人工智能是泡沫，还是未来

2016 年被称为"人工智能元年"。

2016 年，一则消息引爆了全世界各个领域对人工智能的关注，谷歌深度思考（Google DeepMind）公司开发的人工智能程序阿尔法围棋（AlphaGo）战胜世界围棋冠军李世石。人工智能第一次在围棋上赢过了人类。

众多关于人工智能的争论随之而来。早在 1997 年，IBM 的"深蓝"就打败了国际象棋世界冠军卡斯帕罗夫，但 20 年过去了，人工智能尚无革命性突破。那么，人工智能是否只是一个概念？什么都谈人工智能，泡沫是不是快破灭了？2022 年 11 月，聊天生成预训练转换器（chat generative pre-trained transformer，ChatGPT）横空出世，让人们对人工智能是否只是一个概念的怀疑一扫而空。因为与人类的语言与知识、思维、智能以及教育教学都有着密切的联系，自然语言处理（natural language processing，NLP）被誉为人工智能（artificial intelligence，AI）皇冠上的明珠。从孔子的"论语"教学、苏格拉底的"问答法"，到人工智能领域的"图灵测试"，都离不开对语言的处理。

ChatGPT 的出现，是人类在 NLP 领域的一项重大突破。它能够自然地与人进行对话，几乎能够完美地回答任何问题，并且能够流畅地进行写作和编程。它的出现让人们感到惊叹，同时也引发了人们对人类社会与人工智能的未来的思考。

在这个"智能"泛滥的时代,我们能够在生活中看到种类繁多的"智能产品",如智能手机、智能手表、智能手环、智能冰箱等。可是否真的智能?或只是一个宣传口号?如果我们认真去甄别,就会发现绝大多数的"智能产品",跟过去的老式录音机差不多,都是按照事先编好的程序完成工作,这个过程中并没有它自己的思考。唯一不同的是,老式录音机的程序不是用计算机程序代码来写的,而是用机械或是电路做的。

真正的人工智能,就像人类一样,能够感知周围的环境,并且能够对感知的结果进行理解和思考,最后达到目标。这个思考的结果,就是机器学习与智能决策,而非事先编好程序指令,这也是人工智能最重要的核心。

事实上,人工智能并非什么新技术。人工智能这个概念最早出现于 1956 年的一份科学计划中,该计划宣称运用人工智能只需要三四个月的协作研究,就能使机器解决各种人类一直不能够解决的问题,由此实现人类在各个领域的重大进步。这份计划后来被证明只是一份科幻计划书。此后,人工智能虽然小有突破,但其进展远不及"计划"所描述的那样迅速。最终,大部分人工智能研究者都避免使用这个术语,而更喜欢用"专家系统"或者"神经网络"。

然而,人工智能为什么又从人们最初的幻灭与失望中,一夜之间成为科技界人人垂青的领域呢?

早在 20 世纪 80 年代,以微软为代表的众多科研机构,在语音识别、图像识别、动作识别等机器感知领域取得重大突破,但这都没能打开人们对人工智能的想象空间。直到以谷歌(Google)、国际商业机器公司(International Business Machines Corporation,IBM)为代表的信息技术(information technology,IT)公司在自然语言处理、智能决策、知识图谱等机器认知领域取得突破时,这个已经默默研究多年的科技领域才真正被引爆,而这其中最具代表性的事件便是 AlphaGo 战胜李世石。

"人工智能"名誉恢复并重新兴起,可以追溯到 2012 年。2012 年,多伦多大学由 Geoff Hinton 带领的团队实现了人工智能在识别图片上 85% 的准确率(人类平均有 95% 的准确率),这要归功于一项叫"深度学习"的新技术,它带来了一系列影响深远且快速见效的技术进展。在 2015 年的 ImageNet 竞赛上,一个采用深度学习技术的软件以 96% 的准确率第一次超过了人类。

　　突然间,深度学习不仅在人工智能界,在整个科技产业界都获得了广泛关注。深度学习系统可以变得愈加强大,更多层次的网络能进行更高水平的计算并产生更好的结果。事实证明,这些神经网络擅长解决众多领域的难题。谷歌运用深度神经网络提升其搜索反馈结果的质量,帮助人们在网络中找到特定的图片。苹果公司通过深度学习系统理解智能手机端的口语指令,特斯拉采用深度学习技术帮助它们的自动驾驶汽车理解周围环境。

　　而 AlphaGo 则是将最先进的深度学习技术应用在围棋领域。AlphaGo 最初是在网络游戏平台上和人类玩家下棋,通过不断地试错和调节来学习人类下棋的风格和方式。直到工程师认为 AlphaGo 下棋的方式已经和人类十分相似时,才让它开始自我学习的过程。通过"学习阅读"各类棋谱,以及对数百万局"自己与自己下棋"的数据进行分析,AlphaGo 具备了战胜人类冠军的能力。

　　1997 年,IBM 深蓝打败了国际象棋世界冠军卡斯帕罗夫,科学界认为国际象棋的设计相对简单,还无法说明机器能在智力活动上战胜人类。而围棋虽然规则简单,但却在简单的规则中演绎出近乎无穷的变化。人们在下围棋时,不仅需要推理计算,更需要人的直觉与想象。面对 19×19 的围棋博弈,若仅依靠计算能力强行破解,计算机要达到所需要的充足计算能力,即使依据摩尔定律最大胆的预测,至少还需要 5 年的时间。但是,由于深度学习这一新的机器学习技术的出现,AlphaGo 如今就能以 4∶1 的成绩完胜围棋世界冠军李世石。

　　因而,与当年 IBM 深蓝依靠超高速推理运算能力在国际象棋方面战胜人类不同,AlphaGo 采用深度学习技术在围棋上打败了人类,为人工智能发展提供了一个全新的方向,人工智能领域迎来了最大的一次技术突破。

　　当然,人工智能的发展还有很长的路要走,远不足以全面应用于人类生活,更别提威胁人类了。今天的人工智能,离真正的强人工智能还相去甚远。

　　人工智能大体可分为 3 个阶段。

　　(1) 感知智能:人类通过眼睛、耳朵、手等感觉器官,拥有视觉、听觉和触觉这些感觉能力。机器也能通过对物理世界的数字化来模拟人类感觉器官被动地感知物理世界。

　　(2) 认知智能:例如记忆、推理、规划、决策等这些人类主动的认知过程,只要给机器足够多的信息,机器就能实现类似的智能。譬如将交通路况和目的地告诉机器,机器能帮司机规划开车路线,以绕过拥堵的路段。

(3) 强人工智能:目前的机器人还没有情绪,更无法如同人类一般作出自主选择。强人工智能需要机器在通用层面达到人类智能,但目前还没有能完全实现类人智能的机器。

人工智能领域现有技术以及发展曲线如图 1.1 所示。

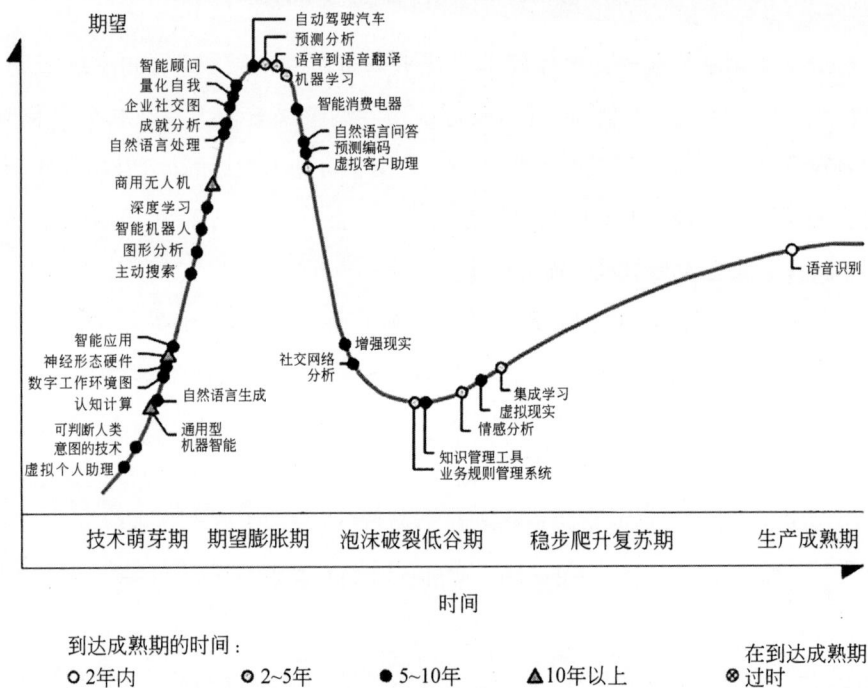

图 1.1 人工智能领域现有技术以及发展曲线

从图 1.1 中,能够看出人工智能的多种技术,在技术发展曲线中处于不同的位置,目前进入生产成熟期的仅有语音识别技术,例如,科大讯飞语音输入法、苹果的 Siri 等产品;离生产成熟期较近的有虚拟现实(virtual reality,VR)技术,许多 IT 厂商都在生产 VR 头盔,就是要抢占这个刚刚发展起来的市场;而自动驾驶、无人机技术真正成熟进入应用,还要 10 年以上的时间进行研究突破,谷歌自动驾驶事故的出现,以及无人机还只能在娱乐摄像等小范围内运用,都表明人工智能技术还有待提升。

人工智能一定是如今乃至下一个 5 年或 10 年的未来技术。这已成为包括高德纳

（Gartner）、麦肯锡等 IT 研究与咨询公司,硅谷与国内各大 IT 投资机构,世界上最顶尖的技术公司以及斯坦福、伯克利等院校、研究所实验室科研人员的共识。

并且,人工智能不同于现有的互联网、大数据等技术,它不是某一个特定的技术,它几乎对所有的行业都会产生不容忽视的影响,它是一个时代的开始。

1.1.2　人类如何应对被 AI 抢走工作的窘境与焦虑

如果说工业革命让农民进城成为工人,信息革命让更多的人坐进办公室成为白领,那么,在人工智能时代,人工智能技术将会取代一切标准化、重复性的工作。

机器问题重现,人工智能会导致大面积失业,甚至让人类灭绝吗?

有些人害怕机器会抢走自己的工作,有选择地让少数人受益,最终彻底让社会因失衡而倾覆。在历史上,曾出现过类似的一幕。

两个世纪前,工业化的浪潮席卷英国,与今天同样地担心,曾引发了激烈的争论。那时,人们谈论的不是"工业革命",而是"机器问题"。

1839 年,当时最重要的社会评论员、苏格兰哲学家 Thomas Carlyle 对所谓的"机械恶魔"予以了抨击,他写道,"机械恶魔"破坏性的能力将会扰乱整个工人团体。

而美国智库机构麦肯锡全球研究院说:人工智能正在促进社会发生转变,这种转变比"工业革命"发生的速度快 10 倍,规模大 300 倍,影响几乎大 3000 倍。

与两个世纪前一样,许多人担心机器会让数以百万的人下岗,引发社会公平问题进而导致社会动乱。人们担心人工智能技术会通过增加工作中计算机化和自动化程度而减少人类的认知与智力投入,最终与 200 年前的蒸汽动力一样,让许多人成为多余。

事实上,早在此之前,有关的社会调查就已经展开。

2013 年,牛津大学的 Carl Benedikt Frey 和 Michael Osborne 进行了一次调查研究,发现美国有 47% 的工作职位有很高的概率会在不久后被机器自动完成而消失。

哪些工作将被取代呢? 例如,保安被智能安防系统取代,汽车驾驶被无人驾驶技术取代,翻译被机器翻译软件取代。会计、律师、医生和教师等专业技能人员的一些重复性工作会由人工智能来完成,而这些需要专业技能的工作职位将会大大减少,甚至是消失。

机器将能够完成之前只有人类才能完成的任务。无人驾驶汽车正快速学会理解周围的环境，到某个临界点时，它们或许可以取代人类司机，如在高速公路等受控环境中。送货无人机，不管是地上跑的，还是天上飞的，同样能够与人类送货员竞争。成熟的视觉识别等机器人技术已经让物流机器人能够在超市货架码放商品和在仓库中移动物体。

同样，2016年12月，美国白宫总统办公室也发布了一份名为《人工智能、自动化和经济》的白皮书，着重阐述了从白宫的角度所观察到的人工智能技术、行业的进展及未来的趋势。

在白皮书的卷首语中，包括原谷歌高管梅根·史密斯等在内的5位科技和政策专家指出，尽管许多人的确正在享受人工智能发展带来的好处，但也同样面临未来就业的挑战。一些技能要求较低的就业岗位正在逐渐被机器和人工智能取代，而原本在这些岗位上的人进步所需要的教育等资源和其他保障，却又没有同步跟进，因而面临失业的风险。

人工智能时代，对人的智力劳动要求不断提升，最后可能只有少数人能够成为职业竞争市场上的胜出者。白宫非常担心，信息技术行业本来就存在"赢家通吃"的趋势，普通人只能作为"羊"，身上的剩余价值流向掌握技术和资本的0.01%的精英。人工智能驱动的科技变革，可能会进一步扩大资本和劳动者之间收益分配的裂痕。这种偏向超级巨星的科技变革，比之前的技术密集型科技变革，更容易让财富流向社会精英。

面临这般机遇和挑战并存的境地，美国应当怎样做？

这份报告给未来的政策制定者提供了一条锦囊妙计，首要的策略是：通过教育，培训出适合人工智能时代就业岗位的人才。

人工智能即使不会全面抢占人类的职位，也必然会加速与计算机相关的工作自动化的趋势，就像之前的工业变革那样，扰动劳动力市场，要求工作者更快地学会更多的新技能。

普利策奖得主约翰·马尔科夫的《与机器人共舞》一书中给出了两个有趣的数字：互联网行业，每消失一个岗位，就会创造出2.6个新岗位……而未来每部署一个智能机器人，就会创造出3.6个相关岗位。

互联网爆发之前，传统行业也有平面设计师、IT人员、产品经理等职位，但互联网的发展，导致了UI设计师、Android/iOS程序员、互联网产品经理等新兴热门职位的出现。就像"新媒体"火了后，很多传统媒体或公司都要设立"新媒体"部门一样。

同样,人工智能时代的到来,必定会产生一些以前"没听说过"的新职位,如已经被行业认可的"自然语言处理工程师""语音识别工程师"等,还有一些业内人都没意识到的职位,如人工智能/机器人产品经理,而未来可能会有"机器人道德/暴力评估师"等职位。一些原来做互联网报道的媒体人,现在转型专门做人工智能领域的垂直媒体;一些原来做数字媒体产业(TMT)投资的,也细分为"专注于人工智能领域"的投资人或机构。

特别需要强调的是,虽然大多数保安、翻译会被人工智能取代,但经过"升级"后剩下的少数人,收入可能会更高,如既能操控安保机器人,又有丰富安保经验的安保负责人,如会使用机器翻译同时又能人性化处理语言的翻译人才。

人工智能激发出不同于过去的更多需求,导致对某些人性化的新技能需求量变大。

因此,教育很重要。白皮书中提到,希望未来儿童都能享受到面向人工智能时代的教育,必须保证他们完成高中学业和就业培训。如果不能改进儿童教育,并且帮助成年人进行再教育,让他们获得在 AI 经济下必需的就业技能,美国将面临失去全球经济领袖地位、国内数百万人失业的处境。

考虑到社会总人口中成年人占绝大比例,面向特定职业和公众的再教育,甚至是终身教育,都需要尽快达到一个可以应付未来的教育规模。固然,白皮书也认为,发扬光大"学徒制"能为学校教育和机构化的职业教育带来重要的补充。技术变迁将会要求教育和就业有更加紧密和连续的协作。

我们还发现,时代对各种各样的工作者所接受的教育要求都更加苛刻了。教育的回报,即使对于高技能工作者来说,也已变得不那么清晰。对于绝大多数人来说,决定去上大学依然很有道理,但是有关教育和工资间的直接关系的想法被打破了。在许多职业中,获得新技能变得至关重要,因为现有的许多东西都已经过时。虽然大学学位仍然是许多工作的先决条件,但是如果没有足够经验,雇主也不会以学位作为雇用工作者的充分条件了。公司的许多职员都面临着他们受教育习得的技能将要过时的窘境,但是获得新技能的途径却通常难以找到。

当教育的步伐跟不上技术发展,社会就会产生新的不平等。创新到来之际,如果大部分传统行业的工人被技术革新远远抛在后面,工人没有"被利用的价值"就会遭到遗弃,造成大规模结构性失业,社会就会分崩离析。

这一洞见从根本上影响了工业革命时期的改革者们,也加快了工业化国家资助全民基础教育的进程。随后,工厂和办公室自动化导致了大学生人数猛增。历经数十年,教育革命和技术创新共同推动工业革命后的人类社会走向繁荣。

今天,机器人和人工智能召唤着另一场教育革命。不过,这一次所需的知识技能如此庞博而且变化迅速,只在儿童时期加强教育是不够的。基础教育集中学习,之后自学培训加以补充的传统教育模式正在瓦解。原因之一是需要新的、不断更新的技能。制造业越来越多地需要脑力,越来越少地需要体力。为了让工人能够有新方法学习和赚钱,在职培训市场正在不断升级,让工作与学习交织在一起。

由此可见,在应对人类被 AI 抢走工作的窘境与焦虑方面,劳动力转型也是通过成人培训的方式,被动地接受人工智能时代已经到来这不可阻挡的趋势,只有教育和培训,才是积极主动地应对人工智能挑战的有效途径。

在这方面,教育大有可为。19、20 世纪的教育革命使教育产生了令人惊叹的进步,今天的变革不应逊于当年。

1.1.3　未来教师会失业吗

未来,不仅传统教育下的学生可能会找不到工作,而且采用传统教育方式的教师也可能失业。

因为未来人工智能教育不仅在知识内容方面越来越丰富,而且在教育的技术层面应用得也越来越成熟,那么人工智能是否会取代人类教师呢?

或许 15 年以后,学生在课堂里面统一由教师讲授学科知识的学习时间,被大大地缩减为现在的三分之一,学科知识的学习将不再以教师为中心,教师只是充当辅助者的角色,学生可以通过自适应学习掌握学科知识,教师需要更多地帮助学生提升他们的心理品质、思辨能力、实践模拟的能力。

知识的传授工作将由人工智能取代,人工智能机器知道每一个学生的学习行为特点,通过数据分析做到因材施教。教师将成为教学过程的服务者,扮演对学生进行引导、服务的角色。

因而,未来的一些教师将会被人工智能取代,面临失业的风险,特别是只能进行统一化、标准化教学的老师,不远的未来就可能会被人工智能取代。

可以肯定的是,人工智能时代,新的生产、生活方式将被开启,或许每一个人都会从事自己最喜欢的事情,不再有太多劳累和抱怨,教师也不会为职称、论文等琐事再费心思了。目前网络教育已在很多方面取代传统培训,辅导机构的生意大受影响,学校教育、教师教学在人工智能化的浪潮中一定会有所改变。

真的会这样吗?以自适应学习为核心的人工智能会取代教师吗?

对于这种担心,需要从教育的本质以及人与机器的根本区别等角度观察来缓解。

传统教育的定义是教书育人,教师的作用不仅是传授知识,更需要通过情感的投入和思想的引导教会学生做人、塑造学生的品质等。教育是一项心灵工程,它的实施者——教师是富于情感和智慧、想象力与创造力的人类,这些特质是人工智能无法比拟的。而且,学习是一个社会性的过程,面对面的人际沟通与面对书本的学习是可以互补的,却不能相互替代。两者配合好,教学才能变得更好。

此外,目前阶段的人工智能能够取代老师 80% 的重复性工作,如批改作业、推荐题目、机械地讲解等,但是不会完全取代老师。毕竟,即使是从学习书本知识来看,95% 以上的中小学生都不适合只面向系统进行自主学习,对于他们的学习必须加以监督与引导。

即使未来人工智能在知识储备量、知识传播速度以及教学传授手段等方面超越了人类,人类教师仍然具有不可替代的作用。因此,对于人工智能取代真人教师的问题,我们可以这样去想:人工智能教育将改变传统的教学模式,但是它改变的只是模式,而不是取代老师。

人工智能运用于教育的价值,在于教育工作者能够借此帮助个性各异的学生挖掘自己的潜能,而非淘汰那些被定义为"不及格"的学生。人工智能蕴含的巨大潜力应当被用于推进个性化学习、改善教材和教学,最终提高所有学生的学习成就。它应该被用于促进教育改良反馈的手段,而不是作为对受教育者进行简单评价的依据。

人工智能系统的作用其实是它能够把老师从烦琐重复的标准化工作中解放出来,让老师去做更有价值的事情,如花更多心血在灵活多变的教学活动和教研上,花时间去照顾每一个孩子学习成长,花精力去了解孩子的学习兴趣和成长目标。若有了人工智能系统的辅助,老师就能够去处理一些以前无法应对的主观性信息,例如学生的学习倾向性如何,学生的学习能力如何,要如何组织个人的学习活动,等等。

在人工智能辅助的教学过程中,学生和家长对能够精准检测薄弱知识点而且高效率学习巩固知识的人工智能系统给出了良好的反馈。相比传统教学模式,学生觉得系统中的老师"讲解得更为细致""测评出的薄弱点和自己非常吻合",而且交互式课堂的氛围,小组讨论、课间操等教学环节让学习趣味丛生。

此外,老师还能够基于人工智能系统,参与开发出更具个性化、本地化的知识,例如自己专门录一段视频讲解,发给某个有学习障碍的学生学习等。

因此,虽然人工智能不是用来取代教师的,却不意味着教师们就能够松一口气。

面对人工智能的冲击,教师应该具备危机意识和变革意识,思考如何发展那些"AI 无能,人类擅长"的能力,思考如何提高教师这个角色的不可替代性,思考如何减少教师的重复性、标准化的工作,思考未来需要培养怎样的人等问题。教师应努力从教学的主导者、知识的灌输者朝学生的学习伙伴、引导者等方向转变。只有朝这些方向努力,才能将人工智能带来的危机转变为变革传统教育、创新未来教育的机遇。那么,现代教育能够承担起如此重任转危机为机遇吗?

1.1.4　现代教育能承担起重任吗

这个时代流行穿越剧,让我们的教育也当一次主角,穿越到一百多年前,19 世纪普鲁士的一个教室,睁眼四望会发现,教室中的摆设和现今的很多教室几乎没有太大差别。除了没有电子白板、iPad、计算机(虽然现在很多教室也没有),同样有很多摆放规整的方桌、方椅。一名老师在上面讲,几十名学生在下面听。每个学生被要求坐在自己的位置上,未经允许不得说话,除了抬头专注听老师讲课,不许做多余的动作。老师站在教室前面的讲台上手拿着教材讲着些什么,不时地在黑板上写些什么,或者挥舞一下长长的教鞭……

一百多年前的普鲁士创造性地建立起这种人类最早的大众教育体系,课堂秩序仿照严格的军事要求而设计,学生被动地服从教师的指令,而教师则负责将书本上的知识灌输进学生的脑袋里。

这种设计便于大规模、高效率地"流水线式生产"适于社会化生产所需的"人力资源",学习也被设计为分年级、学科化的"线性"学习。

一百多年过去了,这种教室和教育成为中国乃至全球教育运行的标准范式。

然而,在汽车取代了马车、手机取代了书本报纸、计算机(在某些方面)超越了人脑的今天,我们的教育似乎并没有发生什么变化。

我们今天主流的教育体系诞生在大工业时代,目的是要为快速发展的经济体系高效率、批量化地培养掌握标准化知识的劳动力。

我们的教室是第一次工业革命前的样子,课堂上教的知识大部分是第二次工业革命前的知识。当走出教室,走进社会时,我们却要面对第三次,甚至第四次工业革命后的工作。

因此,我们会看到教育的过程和大工业生产的作业方式高度类似:一刀切的上学年龄、规定的上课时间、全国一体的教学大纲、标准化的教学方式和单调唯一的考核标准……

若我们以及我们的孩子真能学到有价值的东西也就罢了,但真实状况是,我们在学校里学到的知识和技能,要么是计算机知道得更多或者做得更好,要么就是在社会生活中完全用不上或者不能解决问题。"知识无用论""高分低能"这些专有名词的流行,在某种意义上正是这种现象和情绪的表现。

孩子们也因此变得不爱上学,不爱学习,更不要说对知识充满渴望,对世界充满好奇了。每天课堂上学习的知识和他们的现实生活没什么关系,也解决不了他们成长所面临的困惑。所谓的学习就意味着牢记答案,并在考试中取得好的分数。

另一方面,进入社会所需要的各种才能和知识,如学习能力、沟通能力及求职的知识、如何幸福生活的知识,这些才能和知识中有很多都是学校里不教的。

若求学的知识无用,学习的方式又无趣,那我们有什么理由责怪孩子们不热爱学习呢?

大量的研究已表明,影响一个人未来成就与幸福的因素,主要不在于各类学术知识,是除了学术知识之外的如社交能力、学习能力、适应能力和自我管理能力等综合才能,而这些恰恰是现行教育所欠缺的。

信息技术给当今世界带来"知识爆炸",全世界的知识总量每 7~10 年翻一番,信息时代短短几十年创造的知识比之前历史上创造的知识的总和还多,知识的更新速度对学习带来的影响比之前任何一个时代都大。

这种转变也给传统教育体系带来震荡。在2017年全世界入学的新生中,有65%的人在未来将会从事目前还不存在的职业。人们学会的技能都有一个半衰期,即过了一定的时间,当初学会的东西就没什么用处了。20世纪后期,这个半衰期是30年,目前是5年。

对于一个接受了16年标准公民教育的人来说,假定他能活70岁,那他几乎花了人生1/4的时间全职进行学习。能背古文诗词,能解三角函数方程,会计算脱离地球引力必需的速度,知道各大历史事件的时间点……而这些,通过搜索引擎能够在几毫秒之内就找到精确的答案。这就意味着一个人花了人生黄金阶段的16年的时间去学会用计算机一秒不到就能够搞定的事。

知识大爆炸给世界带来的爆炸性、指数级的变革,让学生脱离了传统的线性教育,如何让学习更适应时代需求成为迫切的问题。

传统教育模式中的学生大多数时间,是按统一的教学体系要求在完整的时间段内学习标准知识,学习像工厂流水线一样,是一种线性教育。

离开学校,许多人在工作和生活中根据实际需要,通过跨学科、实际场景和经验等方式进行非线性的即时学习与终身学习。

两种教育模式冲突的实质是两种教育哲学的冲突,这种冲突在这个时代表现得尤为突出。生活世界是非线性的,学习是为了更好地适应世界,因此学习也应当是非线性的。研究表明,这类线性教育容易导致一部分学生在已学会知识的状况下仍需和其他学生一样按部就班地进行低效学习,不能跳跃,浪费了大量的时间和精力;另外,线性学习的互动性缺乏也让存在问题的学生不能得到即时的反馈和帮助;再者,学习内容虽被细分与拆解,可是仍然不能自动关联至下一个知识点和阶段。

遗憾的是,现今的主流教育还在掩耳盗铃,在很大程度上并没有去做改变。

不仅是传统的线下教育没做到这些,互联网时代产生的在线教育也是模仿传统线下教育落入这个窠臼的。

过去的20年里,计算机和互联网重塑了商业王国,科技行业以及媒体行业纷纷转型,而教育却几乎没有变化。如今大多数课堂中用到的工具(如书本、课桌、铅笔)和两个世纪之前并没太大区别,无外乎就是白板和投影部分地取代了黑板书,但表面之下的整个教学结构从一百多年前就奠定并延续下来。

个人计算机在工作和生活中的推广不仅得到了广泛支持,也取得了成功。但在教育学习中配备 iPad 和 Chrome 笔记本却受到了重重阻力,并且有证据支持:在一间传统的教室中,接入互联网的设备会导致学生分心,其副作用要大于其辅助作用。那些无论是在家里,还是在学校都花更多时间使用计算机的学生,在课堂学习测试中比他们的同学表现要差,并且那些对教室 IT 技术方面进行了大举投资的国家,其学生的成绩并没有因此得到显著提高。经济合作与发展组织(Organization for Economic Cooperation and Development,OECD)的报告对此总结说"将 21 世纪的科技力量加入到 20 世纪的教学方法仅仅是在稀释原本的教学效果"。

同时,曾经引无数人追捧的高等教育的"搅局者"——MOOC 大学公开课也正在沉沦。大学公开课曾被 TED 演讲极力推荐,还被作为"可以将常春藤联盟知识宝库的大门向普通群众打开的力量",登上过 Wired 杂志的封面。然而,就在 2013 年其风头正盛的时候,越来越多的研究显示大学公开课课程的效果并不像人们预期的那样。学生大多因为冲动报名,只有非常小的一部分人能够完成课程。现在宣布大学公开课失败还为时尚早,它们还在不断地改变。但是,专业的学者已经渐渐远离这种大学公开课将取代大学授课的论调。

因此,在线教育被看作书本教育的一种补充,而不会取代书本教育。

这些在线学习系统,能够满足最基础的在线学习的需求,例如,教师把学习内容上传到系统里去,学生也能够在系统上看视频、做测试,在讨论区与同学交流。可是,这类软件大部分还是模仿传统的线下学习模式,采取线性学习的方式。

最大的局限就是限制性的学习,就像我们以前看录像带,你能够前进或后退,但基本上还是按照这个带子的顺序来学习。练习与测评没有发挥作用,上一步学习和下一步学习并没有关联起来。各个知识点之间没有明确的相互关系,这种关系在线下是由教师不动声色地控制着,而线上系统目前没有为学生自动推荐相关知识点和先行知识点的学习内容。

这样就产生一些相当致命的问题,系统并不知道学生学会了哪些知识,也不能精准地定位哪些知识掌握得好,哪些知识掌握得不好。这样,学生即使学会了某个知识点,还是要一步步地学,浪费了大量的时间和精力。

学生虽然能够自己选择学习的内容,可是系统不能自动匹配下一步该学习的内容,对于绝大多数成绩中等或者中等偏下的学生,这种学习方式是完全不适合的。

另外,还有许多系统虽然给出了教学的内容和数量,可是质量却参差不齐。

有人总结说:我们的教育是在用 19 世纪的模式,教 20 世纪的知识,去应对 21 世纪的挑战。

因此,我们的教育必须改变。

1.2 教育人工智能

1.2.1 人工智能时代教育的目标

这首先要问我们教育的终极目的是什么。

关于教育的终极目的,许多学者进行了探索,但最终都着落于"人"。苏霍姆林斯基的"教育——这首先是人学",陶行知的"千教万教教人求真,千学万学学做真人",无不印证了"人"是教育的起点与归宿,教育的终极目的是让人过上幸福的生活。教育是为了培养一个个活泼的人,教育应当与真实的生活相关,要有助于学生应对未来的挑战,教育应当培养和鼓励学生的好奇心、创造力和持续学习的能力。

正如德国著名的哲学家雅斯贝尔斯(Karl Theodor Jaspers)在《什么是教育?》中写道:"教育的本质意味着,一棵树摇动另一棵树,一朵云推动另一朵云,一个灵魂唤醒另一个灵魂。"

好的教育应该是挖掘学生内在的潜能,让他们自己去感知世界,而不是教给学生一些外在的知识。只有成功点燃学生进行自我教育、自觉学习之火的教育,才算得上真正好的教育。

真正的教育,要将小孩当作一个独立的人格来引导,而不是想当然地直接给予。教导他们自信而不自用,独立而不孤立。激发他们的想象能力、质疑能力、自理能力、创新能力……所有好的教育,都带着智慧的光芒和发自内心的爱。

真正的教育,要回归到人格的建立上。只有拥有了独立思考和探求真理的人格,智慧的阳光才会洒满心田。只有拥有了克服困难和承担责任的人格,艰难险阻才会显得微不足道。

教育的目的并不只是让学生记住某些知识点或熟练掌握某个技能,而是将学习置身于真实的生活情境中,帮助他们体验和发展"生而为人"最重要的品质和才能,如创造能力、解决问题的能力、沟通协作能力、好奇心、表达能力、勇气等。

另外,要看人工智能时代对人类能力的新要求。

第一,终身学习能力。

人工智能时代,获取新知识和技能贯穿人的整个职业生涯,每个人都需要持续学习新的知识和技能。今天,终身学习的受益方主要是部分学习能力强的成功人士,而未来这更可能加剧不平等,而不是减少。

第二,个性与创造力。

在未来,浮于专业表面,只能做些重复性和标准化工作的人,都会被人工智能替代。只有具备深度的专业能力和创造力,才有立足之地。

第三,需要极强的跨领域理解力和沟通合作能力。

例如服务机器人行业,会是人工智能＋互联网＋机器人硬件等多领域的交集,同时精通这三方面的人是可遇不可求的。所以实际工作中,一定会需要和其他背景的专业人士共同协作。这时,一方面,需要多领域的知识储备(背后支撑的是快速学习能力),另一方面,沟通合作能力尤其重要。

第四,还需要较高的人文素养和灵魂境界。

未来的人工智能时代,需要超越纯逻辑性的思维和纯理性的内涵。例如,有人认为,对于机器人产品,把功能价值做好(有用)就可以了,但是机器人和人交互时,一定会伴随着情感等非理性影响,这不是设计者想规避就能去除的。

第五,成为人工智能时代的原住民。

在人工智能时代到来之后,让每个孩子都将成为人工智能时代的原住民,意义非常重大。

信息时代的原住民是"90 后",他们创造了信息时代的生活方式,符合他们文化的企业包括 Facebook(现为 Meta)、谷歌等。同理,人工智能时代的原住民的成长逻辑是:能否让这些孩子在小的时候和机器一起玩耍,长大之后利用智能机器高效地工作?

让每一个小朋友尽早接触人工智能,学会和机器打交道,锻炼他们应对下一个时代的技能。

工业时代强调智商(intelligence quotient,IQ),这是人与物的关系;到了信息时代,强调情商(emotional quotient,EQ),这是人与人的关系。到了人工智能时代我们说人工智能商(artificial intelligence quotient,AIQ),这是人与人工智能的关系,是人工智能时代的"商值"评定。利用先进工具是人类发展至今的关键,人工智能商就是利用人工智能技术的能力。一个人有没有能量,看他能否和智能"机器"打交道,能否利用各种智能系统发挥自己的优势。这些问题在下一个时代将变得极其重要。

1.2.2　人工智能给教育带来什么

一方面,人工智能时代来临,要求教育必须有所变革。

当人工智能正在以一种无法预测的方式改变工作时,人类就需要与之适应并掌握新技能。为了保持竞争力,并为所有人都提供最好的通向成功的机会,社会需要为未来的人们提供新的教育。

另一方面,人工智能等新技术也让学习更高效,更有必要。

未来学家、发明家雷·库兹韦尔曾说:"不断减轻人类痛苦是技术持续进步的主要动力。"人工智能也一样,它的研发初衷是为了把人从简单、机械、烦琐的工作中解放出来,然后从事更具创造性的工作。因而,教育人工智能(educational artificial intelligence,EAI)的使命就是让教师腾出更多的时间和精力,创新教育内容、改革教学方法,让教育这件事变得更美好。

自 2011 年开始,Udacity、Coursera 和 edX 先后从人工智能实验室涌现出来,这些个例凸显了人工智能研究社区希望对教育系统进行变革的信念。

Thrun 说他创立 Udacity 的初衷是将其当作"正在进行的人工智能革命的解药"——这场革命将催生对工作者的新型工作技能的需求。

类似地,吴恩达认为:鉴于人工智能研究者的工作对劳动力市场的潜在影响,研究者

"在应对和解决我们导致的问题上负有道德上的责任";人工智能技术在教育方面有很大的发展潜力。

教育人工智能主要是人工智能与学习科学相结合而形成的一个新领域。教育人工智能的目标有两个:一是促进自适应学习环境的发展和人工智能工具在教育中高效、灵活以及个性化的运用;二是"运用精确的计算和清晰的形式表达教育学、心理学和社会学中含糊不清的知识",让人工智能成为破解大脑学习之谜的重要工具。

换言之,教育人工智能重在通过人工智能技术,更深入、更微观地窥视、理解学习是如何发生的,是如何受到外界各类因素(如社会经济、物质环境、科学技术等)影响的,进而为学生高效地进行学习创造条件。

那么,人工智能到底怎样与教育结合呢?

目前,人工智能在教育领域的应用技术主要包括图像识别、语音识别、人机交互等。例如,通过图像识别技术,人工智能可以将教师从重复性、大批量的批改作业和阅卷工作中解放出来;语音识别和自然语言处理技术可以辅助教师进行英语口试测评,也可以纠正、改进学生的英语发音和语言表达;而人机交互技术可以协助教师为学生在线答疑解惑。例如,2016 年媒体曾报道,美国佐治亚理工大学的机器人助教代替人类助教与学生在线沟通交流时竟无学生发现,说明了人工智能在这方面的应用潜力。而虚拟和增强现实能从根本上改善职业培训,大数据为个性化教育提供良机,社交学习平台使得不同知识水平的人连接起来更容易,还能进行 P2P 教育和指导。

自适应学习、智能学习反馈、机器人远程助教等人工智能的教育应用也被看好。虽然目前人工智能技术在教育中的应用尚处于起步阶段,但随着人工智能技术的进步,未来其在教育领域的应用程度或将加深,应用空间或许会更大。

以自适应学习驱动个性化教育为例,收集学生作业、课堂行为、单元测试等数据,对不同学生的学情进行个性化诊断,并进一步为每个学生制定自适应的辅导和练习,从而实现因材施教,这已成为教育人工智能探索的一个方向。实现人工智能引领个性化教学的一个关键点是数据的采集与分析。人工智能为了更好地应用到教育中,首先需要做好数据采集工作。教育数据产生于各种教育活动和整个教学的全过程,目前,教育数据的来源有两个:一是数字化的教学环境,教学和学习数据在这种数字化环境中自然而然地产生;二是从传统教学行为中收集教育信息，并将之转换为数据。

Knewton 的学习平台已经获取了 1000 万美国学生的数据，然后向学生推荐个性化的学习内容。个性化的学习内容推荐帮助人们更多地关注自己的学习过程，从而使他们更有可能学习到他们下一步所需的新知识技能。

以未来的外语学习为例，为人工智能科技对教育的变革提供了样本。

许多人学了几十年英语，依然是哑巴英语。会读会写，可是听不懂英语，自己更不会开口说。这是由于缺乏英语交流的语言环境。未来的外语学习利用 VR 虚拟情景、机器人等技术，通过人工智能给学生提供沉浸式的学习体验，让学生可以从实时实境的互动中提升自己的外语能力，并且未来的外语学习是有针对性的。基于学生留在云端的学习行为数据，系统能为学生提供个性化学习方案，让学生能得到更充分且有针对性的语言实践练习，并且未来的外语学习也是低成本的。相比于传统的课堂授课，远程教育带来了一种低成本的新型师生互动模式。而人工智能够像远程教育一样，它增长的边际成本趋近于零，能节省大量的教师人力成本。以 ChatGPT 为例，尽管 ChatGPT 并不是专门为教育开发的，但它所展现出的跨领域自然语言理解与生成能力，以及以对话方式让用户指定任务的能力，使它成为智能教学系统的新型"能力基座"。这有望改变智能教学系统的开发模式，提升其教学表现，为个性化学习带来更全面、更有效的支持。

ChatGPT 的功能十分强大，可以概括为回答问题、总结/解释信息、创建新颖的文本内容、提供反馈和编写计算机代码。在课堂应用上，ChatGPT 可用于辅助备课、提供教学辅助、创建评价材料、开展课堂活动、辅助学生自主学习等方面。因此，至少有 5 种ChatGPT 可以帮助教育行业做的事情：提供教学辅助、辅助备课、辅助学生自主学习、创建评价材料以及开展课堂活动。

（1）高效在线学习助手：ChatGPT 随时随地为学生提供在线学习支持，它不仅能回答你的问题，还能给予你详细的解释和实用的建议，让学习更加高效。

（2）智能客服：无论是学生、家长还是教师，ChatGPT 都能快速有效地解决你在课程、注册、退款等方面的问题，让你享受到更优质的客户服务。

（3）个性化自适应学习：ChatGPT 具备自我学习能力，它可以根据学习能力和进度，自动调整课程内容和教学方式，让学习更高效、更轻松。

（4）教学小助手：教师可以借助 ChatGPT 提供更个性化的学习建议和提醒，同时还能实时监测学生的学习表现并给予反馈，让教学更加得心应手。

（5）人性化互动交流：ChatGPT 不仅能提供信息，还能进行人性化的交流。它可以敏锐地发现你的学习需求、困惑和问题，让你在理解问题的同时，增强学习的兴趣和动力。

总的来说，ChatGPT 以其强大的智能化、个性化和人性化的特点，可为学生、家长和教师提供更好的学习和教学体验。

因此，人工智能不仅被用来节省教师人力、提高教学效率，而且更重要的是驱动教学方式的变革。未来教育是人与人工智能协作的时代，充分发挥机器与人类不同的优势是提升生产力的关键。

教育与未来只差一个人工智能的距离。

1.2.3　为何自适应学习能够革命性地改进教育人工智能

如果说机器人助教是教育人工智能的完美表现，那么，自适应学习（adaptive learning）就是教育人工智能的内核与大脑。

Coursera 的联合创始人吴恩达指出，当今的在线教育平台层出不穷，说明如今的在线教育业已做到了可提供较为优质的教育的资源库，可是在线教育却不是完全以学习者为中心，还未实现使每个学习者获得最优教育资源的目标。

吴恩达说，自适应学习对大量学生运用同一材料进行学习的状况最为有效，因为这样能够收集到大量的数据。根据每一个学生的状况各自调整课程，据此实现最轻松最高效的学习方法。

"自适应学习"概念多年前就出现了，但新的人工智能技术，尤其是机器学习技术，可能最终有望帮助其真正实现这一目标。自适应学习能够实现每个学习者获得最优教育资源的目标，实现真正以学习者为主体的教育，在学习材料以及材料的呈现上实现实时个性化，为具备不同认知水平、认知风格的学习者提供与他们自身能力相适应的个性化学习，达到在特定的时刻为特定的学习者提供特定的知识的水平。

教师试图越来越多地了解每一个学生，以此在适当的时间提供正确的学习体验，满足每个学生不同的学习需求。有效的自适应软件可以强化这种努力，并且可以提供实现这一目标的现实途径。

美国 2016 国家教育技术计划——《未来学习准备：重塑技术在教育中的角色》中也指出：在技术增强的学习环境、学习数据分析、网络与移动终端的支持下，开展个性化学习有了更多现实发展潜力。可以看出，个性化学习将成为继移动学习、泛学习之后的新型学习方式。而实现个性化学习的技术方式在于自适应学习，以自适应学习内容推荐、自适应学习路径生成为主要构成的自适应学习服务，将随着个性化学习方式的兴起逐步到位。

自适应学习的出现本来是为了解决传统的线性教育存在的问题。例如，传统线性教育都是统一规划的，如今通常认为，这类线性教育容易导致一部分学习者，在已掌握知识的状况下，仍然不得不与其他学习者一样按部就班地进行低效学习，不能跳跃，浪费了大量的时间与精力；另外，线性学习缺乏互动性，也使存在问题的学习者不能得到即时反馈与帮助；再者，学习材料即使被细分和拆解，但仍然不能适应学生需要自动关联至下一个知识点与阶段。

自适应学习这个概念强调的是一种自主学习，自主学习模式是符合人类学习的本质的。自适应学习其实是我们传统因材施教，一对一施教理念的人工智能变形版。传统 K-12 教学中由于师生比例的差距，使得师生一对一模式很难变为现实。因此，班级授课制就成了相对合理的常态。从理论上看，自适应学习很好地解决了这个问题，为班级中每个学生配备一名"教师"不再是难题。

因此，自适应学习成为一个非常有前途的领域，自适应学习系统的出现，就是希望通过技术手段，不断通过数据分析获得学习者目前的学习水平与状态，并且相应地调整学习活动与进程，帮助学习者实现差异化的学习。全球的教育工作者正在使用自适应工具来改变他们的教学，这类工具正在增加，并在教室中获得广泛接受。

当然，这些工具不是灵丹妙药。任何一个单一的工具都不可能接管一个学生全部的教育，指导他们正确完成每一件他们应该做的事情。

并且，我们也无法相信，构建学生学习的动力，帮助学生拥有自己的学习能力，发展他们的元认知技能，这些教育追求全部由这些工具来实现。

但是，自适应学习是一个强大的推动力量，使这些追求更有效和高效。这项技术可以加速学生的知识学习、经验增长及有效工作，使教育工作者可以帮助所有的孩子找到激情并充分发挥潜力。

AlphaGo 是只针对围棋这一垂直领域的人工智能,而教育领域的自适应学习可要复杂得多了。AlphaGo 与自适应学习相比,二者背后的深度学习、机器学习的基本原理很相似。但是,自适应学习复杂度高得多。前者应对的是一个固定游戏规则的单一活动,而后者则是要面对人类最复杂的活动之一——教育,而且"游戏规则"会随着参与教育活动的三方——教师、学生和提供教育情境方的互动而改变,其复杂程度可想而知。

顾名思义,自适应学习系统会根据学生的不同状况"自动适应",然后只给出学生需要的题目或知识点。自适应教学的本质是采集、维护和解析海量的学习行为和学习内容数据。

自适应学习引擎就像一个人工智能的大脑,它以前期积累的内容及学生大数据为基础,再通过机器学习与训练,理解学生学习所处的情境,为学生推荐最有价值的知识点和习题,最大限度地提升学习效率,真正做到因材施教。

"自适应"其实就是在强调某种"智能",希望机器能聪明且自动化地为我们解决一些问题。从专业的角度来说,其实是希望在两种需要之间做平衡,即"按需推送资源"和"按学习能力推送资源",二者分别对应"按需教学"(学生自主选择学习内容和节奏)和"适应性教学"(软件或者教师为学生选择学习内容和节奏)。

在传统线性教育中,教师常常会让学生自己整理错题集。有经验的教师,则根据学生的错题来判断他知识掌握的程度。其实这些都是检测手段,最终的目的就是得知学生的知识掌握程度。

自适应教学通过以上这些方式最终能够取代教师 70% 的工作量,缩减学生 50% 的做题时间,节省线性教育中被大量浪费的学习时间。

若是我们拿自适应学习来跟这些年来备受推崇的在线教育模式相比,就会发现目前的在线教育模式有一个巨大的缺陷,那就是它的课程完成率很低。为何会产生这种状况?就是由于它没有解决课程的互动问题。然而,对于课程来说,教学互动是处于核心位置的。

自适应学习系统不是指简单界面上的交互,而是学生在学习过程中不断地在学习上获得实质性交互与反馈。

一是教师和学生的交互,其最理想的状况是优秀的教师能够针对各个学生的情况,给予针对每个学生的个性化教学和辅导。但客观状况是,优秀的教师所供给的教育能力终究有限,不是每个学生都能获得这一机会。

二是指学生之间的交互,最理想的状态是优秀的学生能够跟其他学生深入交流。但这一点总体来说是不可行的。由于无论什么样的学生,在学习过程中都会自发组合,产生学生之间的交互,其质量是难以保障的。

三是普遍最受重视的学生与软件系统的交互。这才是核心的解决办法,因为计算机软件的运算能力、准确性、信息量及供应力相当强大。所谓的自适应学习,就是在这个交互性的领域实现智能化。用最直观的方法描述,就是学生在学习过程中的任何环节,怎么学、学什么材料,都会有一个像经验丰富的老师一样的智能学习机器人来对学生进行有针对性的一对一辅导。

先假设一种状况:有一位学生做了 10 道一元二次方程的题目,结果他做对了 6 道题,做错了 4 道题;然后这个学生又去做了 10 道一元一次方程的题目,结果是对了两题,错了 8 道题。那么这个时候老师应当怎么办?

面对这种情况,不同的老师就会有不同的反应。没有经验的老师,可能会给学生再布置一批同样难度的一元二次方程的题,让学生多练,觉得这样学生自然就会熟能生巧;水平中等的老师呢?他会降低难度,让学生去做一些难度低一点的一元二次方程,看看学生的状况;而经验丰富的老师则会根据经验判断他的问题不在于一元二次方程,而是在于一元一次方程的基础没有打牢。因此会要求学生去复习和练习一元一次方程或求根的过程。

这就是自适应学习系统,模拟优秀教师的教学过程去给学生提出个性化的学习指导。

当然,现实状况可能更复杂。例如,学生甲是不会一元一次方程;学生乙是不会求根;学生丙可能是连方程的移位都不会……班上每个学生都有自己的薄弱点,每一个学生的状况不一样,综合起来的知识点数量如此庞大,出现的问题则是全部状况的乘积。所以,若是希望通过一一对应的编程方式去判断学生的状况,那么我们为了编程所需要预设的规则路径几乎是天文数字。所以,试图通过给出程序性的判断来解决问题的方法是不可行的,必须通过机器学习智能应对无数的可能。

而且在实际应用中,还有许多状况更为复杂,如英语,其知识点的关系是离散的,不一定先学习名词的单复数后才能够学不定冠词的用法,各个知识点呈现的只是相关性。这种教学过程只能通过优秀教师以极为丰富的经验来进行综合判断和指导;对于计算机软件而言,这个过程基本没有可形式化的规则能够预设,难以通过简单的编程手段来实现这一类的教师智能,只能选用类似 AlphaGo 的人工智能算法来进行运算模拟。

因此,学习的"交互性"及其复杂性是我们通常能够看到的突出问题,许多机构都在做着各类有益的尝试。但若是要彻底解决这一问题,计算机软件需要"学习优秀教师的教学过程",这却不是通过简单的形式化规则编程就能够实现的,而是需要通过人工智能的技术手段进行深度的模拟,这就是自适应学习系统的目标和根本定义。

教育是一个人力智力密集型行业,对教师人力资源的过度依赖是教育行业问题的根本所在。人人都希望在受教育过程中可以遇到良师,可以接受优质教育。但优秀的老师和教育资源终究有限,能否利用人工智能让更多的人享受到优质的教育资源?

这正是自适应学习在教育领域能大有所为之处。

1.3　自适应学习

1.3.1　自适应学习的前世今生

自适应学习在国内目前还处于启蒙状态少有人知,但是美国对自适应学习的研究已经非常成熟,大量的研究与实践也已证明自适应学习非常有效。

其实早在 20 世纪 90 年代,卡内基·梅隆大学就已开发出自适应学习技术的前驱,称为智能辅导系统(intelligent tutor system)。这个系统已经有几百万学生使用过,事实证明非常有效。

2008 年,美国的 Knewton 公司成立。Knewton 不是第一家做自适应学习的,却是第一家把自适应学习做到大规模运营化应用的。这里其实有一个根本性的原因,就是科技上的成熟,特别是大数据、云计算和人工智能技术的成熟。

这些技术的出现,让系统可以在很短的时间内(如 1 秒),算出每个学生下一步的学习路径,这在 20 世纪 90 年代是不可想象的。

从 2008 年开始,美国的培训机构、出版社和教学公司展示了一系列的融资和并购。

例如美国最大的教育培训公司 Kaplan 就收购了一家自适应考试辅导公司,很多教育出版社和出版商也开始大规模地融资和并购。

Oxman 和 Wong 在 2014 年的研究报告中预测,自适应学习系统在美国很快就会迎来拐点,会被广泛地应用于日常学习。拐点就是以后学生去培训学校,他不会去问有没有自适应学习系统,因为若是连自适应学习系统都没有,他会觉得这个培训学校的水平很差。

1.3.2 自适应学习的定义

随着个性化学习的需求在教育者中不断增强,在教育科技圈子里,自适应学习这个术语被经常提及,越来越多的产品声称具备"自适应学习"能力,这个术语已经出现一定程度的模糊性。

从一般层面上来看,自适应学习的定义似乎很简单。但是挖掘得更深一点,这个词的细微差别开始显现出来。自适应学习有许多不同的程度和类型(单点或连续自适应,自适应测试与自适应学习),但通常这些区别并不是很清楚。

当大多数人使用这个流行语时,他们真正讨论的可能是:

单点适应性,用于评估学生某个时间对某个知识点的学习表现,以便确定该学生对知识点应接受的教学或教材的水平层次。

自适应测试,使用固定数量的问题来确定学生的确切熟练水平。

实际上,自适应在许多学习环境中都已用到,几十年前就已提到自适应。自适应到底是什么意思,如今我们讲的是基于共识的自适应概念。

最简单的自适应就是学习者自己定学习方案,决定学习的节奏,但每个学习者的学习材料与学习顺序还是固定统一的。如今市场上的慕课(massive open online courses, MOOC)就是这一类产品,其好处就是若是某个学习者学会了,能够很快地学习下一个内容。问题是许多时候学习者早已知道的内容,学习者不能跳过,也不让学习者选择不同的学习路径。

另外一种叫作单点自适应产品。这种自适应就是预先设定好几种学习路径,上课之前对学习者进行测评,看他应当选择哪个路径,有些学习路径能够将学习进度加快。

还有一种就是基于规则的自适应学习。这基本上是在系统里加入某些规则,来分析判断学习者下一步应当学什么。例如,设定规则,学习者做对 80% 的题目,就能够学习下一个内容。现今市场上绝大多数号称自适应学习的产品都属于这一类。有些系统规则相对简单,有些相对复杂,根据教学实践设定了各种各样的规则。

一些教育者将自适应学习定义为教学策略,其中教师在课堂上改变他的教学以满足学生的需要。这就像改变课程的技能一样简单,可为班上不同的学生群体提供不同的资源。

另外一些人则认为自适应学习一词意味着软件的使用。然而,这些人也相信另有不同的定义。关于软件应该如何自动化才被认为是自适应,这一点存有不同意见。关于利用工具收集的基础数学和数据有多复杂才被认为是自适应的,也存在不同意见。

自适应术语常常与其他术语互换使用,如差异化(differentiated)、个性化(personalized)和个人化(individualized),这更添一层混乱。

这些术语面临与"自适应学习"相同的命运,因为对于每个术语实际上意味着什么,都缺乏一致性。而且,"自适应学习"术语通常与"算法"或"预测分析"等高等数学相关的术语结合使用。这些术语的准确含义及其与学生学习的关联和应用,都难以令人把握。

显然,商定自适应学习的共同定义,是有必要的第一步,这将是一个富有成效的对话。围绕自适应学习周边,究竟哪些部分是自适应的,什么使自适应学习产生,这些构成了一个密集的语义森林,而其中充斥着大片模糊未知的黑暗阴影。

基于研究,定义自适应学习数字工具为教育技术,它可以自动为学生提供个人支持,实时响应学生的互动。

从这个简单的定义,我们可以开始分析在自适应学习数字工具之间差异的微妙之处。具体来说,这些因素包括实时数据收集、自动响应以及基于学生独特选择而作出的响应或重定向。

自适应学习系统,跟踪每个学生如何回答问题,收集学生行为的具体信息,然后根据每个学生独特而具体的行为和回答,改变学习路径,以更好地满足每个学生的需要。

这不同于一般学习工具,一般学习工具根据学生对相同问题点击回答对或错的反应,将答案标记为正确或错误,然后提供一个单一的学习路径的工具,不管学生的反应如何,都不是自适应的。不实时收集数据的工具,也不是自适应的。通过单一评估收集数据并规定学习路径,但不收集数据或实时提供支持的工具,都不是自适应的。

例如,在培生教育集团的《解码自适应学习》(*Decode Adaptive Learning*)的报告中发现,支持自适应学习的人都赞同,自适应学习作为一种新型的教育手段,使学习过程更为人性、高效、易于量化。但是,仍然有很多一线的教育工作者对自适应学习能做什么、不能做什么,做了什么有所疑虑。一些教育者以为,自适应学习就意味着教师要加大工作量,不断调整学习材料,以满足学生不断变化的学习需求;还有人以为,自适应学习只是作为教学辅助线上的软件或者平台,方便进行数据的收集和解析等。

《解码自适应学习》报告中给出了"自适应学习"的一个定义,"自适应学习是一种教育科技手段,它自动为每位学生单独提供适应的帮助,在现实中与学生产生实时互动。"而想要达到这样的效果,在教学过程中通常需要借助不同的自适应学习工具。

而维基百科是这样介绍"自适应学习"的:自适应学习,是一种运用计算机作为互动教学设备,而且根据每个学生的独特需求,对人力和媒体化资源的分配进行安排的教育方法。计算机通过学生对题目、任务和经验的反馈获知其学习需求,并且据此推送教材。这项科技包含了源自计算机科学、教育、心理学及脑科学等多个研究领域的很多方面。

1.3.3　自适应学习的主要特征

1. 基于知识资源的学习

基于知识资源(包含文本、图像、声音、视频等)的学习,能够适应并且能够依据每个学习者的需要和情况进行不同的组合,也就是学习材料的组织和呈现与个别学习者特征相适应,整个学习过程是在自由探索以及与他人协同学习的过程。

2. 学生开展自主学习

学生可以借助自适应学习系统自我组织、制订并且执行学习计划,并且能控制整个学习过程,对学习进行自我评价,学习过程受本人支配,对他自己的学习完全负责。教师只是学习的指导者、建议者,而不是学习过程的主宰者。教师的主要工作是规划教学目标,学习的辅导和咨询,教学资源的组织和编译,学习环境的创设与维护。

3. 自我教育

学生通过在自适应学习环境中的主动探索和交互来形成自己的学习方案,并且就此进行有效的学习,而不是主要通过教师的讲授或者操练与练习来被动进行学习。学生在学习环境中自主学习,不只要学会所学的知识,更重要的是要掌握学习的方法,也就是要进行元认知技能的训练,并且也强调知识的使用能力及与他人协作的能力。

4. 以个体化、人性化为核心特征

对个别学生来说,他的学习过程完全是个性化的,包含学习的进程,探索知识空间的路径,学习过程中所得到的反馈信息等。自适应学习中,学生是一个拥有独特个性的个体,其个性在学习过程中得到全面的体现(学习过程中,学生对学习环境中的提示和反馈进行自我评估和自主选择,而不是由学习环境来控制学习过程),而不是一个完全同步的群体中没有个性的一分子,我们能够通俗地说,学生所学的知识和能力是自己定做的产品,而不是教学工业生产线制造的统一标准化的产品。

5. 学习需要得到快速的反馈

除了自身的测试练习的反馈,还包含指导教师和学习同伴之间的反馈。自适应学习是一种自主的、个性化的学习,但它不是一种完全隔离孤立的学习,它需要学习环境中有组织良好的反馈系统,以帮助学生作出自主决策。学生之间的交流与讨论是必不可少的,这能够让学生从不同角度去认识所学的知识,丰富自己的认知结构,并且相互之间的协作,对学习的情感、态度等方面也有良好的促进作用。

6. 高级的数字化科技以及智能科技的支持

自适应学习对学习环境的要求可归纳为:丰富的媒体表现形式、良好的适应性、敏感的反馈系统、便捷快速的通信,这必然要求在学习环境中广泛应用多媒体、人工智能、网络通信等技术。

过去的经验告诉我们,学习中很重要的一点就是尽可能多地做练习题。可是我们同样知道,一遍又一遍地做相同或者类似的练习并不能帮助提升分数。自适应学习模式是基于一种精准的诊断系统和学习行为数据分析完成的,系统根据分析学生的个体因素,并且就此以一种最简单的技术直接引导不同类型的学生到"最适合"该学生的链接路径,并动态调整给出一个适应性的链接清单。

在传统的学习方式中,学生通常都是以一种被动执行的方式完成学习过程,这或者和教师们最常用的任务教学法密切相关。学生在完成教师布置的全部任务后就潜意识地认为学习进程已结束。可是这个过程并没有体现出学生的自我能动性和对自我的评价与完善。自适应学习通过丰富的媒体表现形式、良好的个人适应性、敏感的反馈系统、便捷快速的通信等技术手段,帮助学生能够在学习过程中动态及时地完成自我评价,同时根据评价结果制订有针对性的学习计划,并且系统会帮助学习者完成整个学习过程。

1.3.4　自适应学习的一个案例

在美国加州的约瑟·韦勒小学,所有人都知道自适应学习,并且他们已经可以熟练地将自适应技术作为学习的重要组成部分。

约瑟·韦勒小学里,三年级学生们坐在一间宽敞而明亮的学习实验室里。每个人都在静静地阅读他们从 Reading Counts 中挑选的书。Reading Counts 是一个自适应程序,能向他们推荐有助于提升某方面能力(如词汇)的书。许多记者与教育工作者都参观过这间先进的学习实验室,因此老师戴安娜·塞姆洛根本不用向这些举着相机的访客介绍,而孩子们也是全神贯注、毫不分心。

约瑟·韦勒小学和美国各地的大部分中小学既相似,又不同。作为一所传统公立学校,它服务于一大群有不同需要的学生。40％的学生都是英语学生,而这一比例的学生中仅有 11％来自更为同质化的中上流社区的 ACLC。

据统计,约瑟·韦勒小学的学生在家里能够讲 10 种以上不同的语言,他们当中大部分人都住在 20 世纪早期由福特汽车公司统一建造的标准化住房中。依据加州的教学标准,大约 60％的学生能达到精通或者更高的水平。

在一般的公立学校,大部分孩子的成绩相对平均,因而对这项技术的需求没有那么紧迫,而且对这项技术可能造成的问题有许多顾虑。但是,对于约瑟·韦勒小学来说就有所不同,运用自适应技术是为了帮助后进生追上来,也是为了帮助孩子们对他们自己的学习负责。

教学实践的转变、证据缺乏、预算紧张,以及对能创建学生成绩数字记录的软件存在隐私问题的担心,还有对开发这些工具的公司的财务生存能力的质疑,让自适应学习在一些学校里推广应用遇到了阻碍。

尽管如此,这项技术依然备受关注,在于它试图解决的几个根本性问题:能否创建一种能让孩子们比对传统课堂教学更感兴趣的知识传授方式?教学内容或者技能学习的次序有多重要?怎样才能让考试或者测评不仅用于对学生排名,还能成为了解学生学习行为的指标?以及自适应学习课程如何帮助学生缩小成绩上的差距?

这些问题是过去十年中最受争议而且是最具诱惑力的核心问题,即教育科技能否给教师与学生的生活带来改进。

解决这些问题的需求正变得日益庞大:走进美国学校教室的学生具有更多元化的背景,也带来了广泛程度上前所未有的需求与能力。相比之下,学校获得的财政拨款只有微乎其微的增长。在历史中的大部分领域,当我们试图以有限的资源做更多事情时,我们就会借助于工具的发明。

可是像很多"高大上"的科技承诺一样,自适应学习已经发展了几十年,但至今尚未给出决定性的答案。这个行业的老师们甚至还在争论,到底什么才是众多教育工作者求之若渴的"证据"。若能证明这些工具提升学生成绩的证据很少,那么这样做值得吗?它能让学生更加热爱学习,或者是能让老师有更多的时间开展小班授课吗?家长不希望孩子在学校解决新技术所存在的问题时,被教学质量下降所连累;他们也不愿意支持一些可能有风险的创新性项目,这些项目可能会使他们与校董会的关系变得紧张,甚至可能发生教学事故,登上地方报纸头版。

变革不是一件容易的事情,即使是对科技变革最坚定的支持者也不例外,新技术通常表现不如既有的技术,除非使用新技术、新工具的人同时也转变他们的工作方式。

第 2 章

发　展

2.1　自适应学习的发展

2.1.1　自适应学习的国际发展：巨头纷纷抢滩自适应学习

在国外自适应学习行业中，规模与影响最大的企业是总部位于纽约的 Knewton，该公司的自适应学习平台很早之前就为多家出版商提供数学、英语与生物学学习系统。2011 年，Knewton 获得 3300 万美元投资，估值达 1.5 亿美元。如今，据传该公司的估值已经翻了好几倍。

而公司总部位于华盛顿州贝尔维尤的 DreamBox 公司 2011 年才开始向学校销售产品，到 2015 年，已经有 150 万名学生在使用该公司的自适应学习产品。

随着个性化学习的观念在教育者中不断普及，自适应学习这个术语在教育科技圈子里被经常提及，越来越多的厂商宣布其产品具备"自适应学习"能力。

教育行业中一部分规模最大的巨头显然也注意到这种趋势。

多年以来，霍顿·米夫林哈考特（Houghton Mifflin Harcourt）、培生（Pearson）与麦格劳-希尔（McGraw-Hill）等教育出版集团，利用他们在教育出版市场中的统治地位来保护其价值数十亿美元的教科书业务。如今，他们不得不以越来越大的力度转向拥抱教育科技，尤其是自适应学习。

位于波士顿的大型教科书出版商 Mifflin Harcourt 不仅收购了 Scholastic 的科技部门，而且还研发自己的自适应学习软件，即一款叫 Fuse 的在 iPad 上使用的数学工具。该工具界面会因每位学生的"学习方式"而有所不同：偏重视觉体验的用户，为其多提供些视频；好动学生的界面上，会多些游戏，等等。而培生教育集团出售了《金融时报》与《经济学人》，以便把更多精力放在教育上，培生教育集团的 Success Maker 也有近 300 万用户。

在自适应学习的市场中，麦格劳-希尔独立发展的教育事业部似乎处于有利地位。该教育事业部多年来一直在致力于发展自适应产品，其中一部分是自主研发的，还有一部分是收购而来的，已经有超过 400 万名学习者在运用 SmartBook 与 ALEKS 等产品。该公司首席数字官史蒂芬·拉斯特表示，ALEKS 是一款耗时 20 年开发的数学学习产品。凭借 14 亿美元的收入与 10 亿美元的利润，以及未来上市的概率，麦格劳-希尔能够承担得起帮助学校成功实行自适应学习所需要的巨额投资。

在这个巨头布局圈地、小公司开拓创新的市场中，最好的结果是自适应学习圈子里开始流行起来的一种新的务实精神：没人再虚论用科技取代老师，甚至没人再关注科技本身提升考试分数的能力。

而在美国公立学校中，总是面临着控制学校运营成本、提高学生成绩的压力，它们特别能接受相关产品的创新。目前，他们正被一些政府项目和颇有影响力的非营利组织的项目支持与激励着，这些项目注重教育标准和成绩考核指标与软件设计方向的一致性。事实上，此类数字平台正快速被大众接受。

1. IBM 准备用 Watson 这台超级计算机革新自适应学习

谷歌 AlphaGo 挑战世界围棋冠军李世石的"人机大战"令人工智能概念在 2016 年着实火了一把，但走在技术前沿的却不止谷歌。

实际上，IBM 公司的 Watson 的成名还要早于 AlphaGo。早在 2011 年，Watson 在美国著名的问答类电视节目《Jeopardy!》上用自然语言参与深度问答，因战胜了人类冠军选手而一战成名。当时，该事件与 1997 年"深蓝"战胜国际象棋大师卡斯帕罗夫相提并论，科技界内认为这是人工智能历史上的一个里程碑。

IBM 公布的资料表明，Watson 具备理解自然语言的能力，能够从非结构化的数据中提取信息，并且拥有智能的逻辑思考与以证据为基础的学习能力。IBM 一直致力于让 Watson 成为有实用价值的智能产品，并且在 2014 年将其应用于大众。如今，IBM 把

Watson 的"能力"构建计算接口,除深度问答以外,包含关系抽取、知识定义、情绪分析、正负判断以及权衡分析等在内的 IBM Watson API 数量超过 50 个,运用在医疗、教育、零售等领域,例如和医疗机构在肿瘤诊断识别上开展协作研究,为梅西百货的顾客提供个性化服务等。

而在 2016 年 10 月,IBM 宣布与培生教育集团结成全球性的教育联盟,将 IBM 旗下认知计算平台"IBM Watson"的能力提供给培生教育集团服务的数百万的学生与用户。

IBM 方面承诺,Watson 将能给每个学生提供增强型的个性化学习体验,学习者只需使用自然语言提出问题,就能够及时获得帮助,就像他们向教授当面请教一样。更重要的是,老师还能通过系统了解学习者的学习状况,以此更好地管理整个课程,并且为需要更多指导的学习者提供帮助。

例如,当学习者在备战生物学考试时遇到困难,就可询问嵌入在培生教育集团课件中的 Watson。已"学习"了培生教育集团全部学习材料的 Watson 会根据学习者学习过程中提出的问题,及时作出反应。作为"虚拟导师",Watson 还将记录学习者的学习信息并评价学习者的问题和答案,通过提示、反馈、解释等方式为他们识别出常见错误并提供指导,直到他们学会了这个知识点为止。

听起来,这会是一个教育领域的语音问答助手,但 Watson 还远不止如此。

依据 IBM 和培生公布的信息,Watson 将为培生教育集团的学习产品带来特定教育问题的诊断与纠正功能。学习者能够在特定主题下和 Watson 展开实时对话,在和学习者对话时,Watson 可不断评价学习者的反馈,提供指导并识别出常见错误。另外,Watson 还能告诉学习者如何完善现有知识体系,通过向他们提问检查他们对知识的理解程度,明确指出他们在哪些方面取得了进步,在哪些部分仍需努力。

从长远来看,Watson 代表的认知计算智能和自适应学习理论相结合,会为教育带来让人激动的转变。IBM 表示:"人们很早以前便有了通过自适应学习系统来提供个性化教育的想法。但目前的大部分系统只能通过多选题与填空题等方式来考查学习者的理解力,因而非常片面。因为 Watson 的自适应学习技术选用的是自然语言的对话方式,所以能更人性化地帮助学习者学习课题资料。"尽管没有提到 Watson 对非结构化内容处理能力的使用,但其前景足以让人期待。

2. DreamBox：以"游戏"为主的儿童数学自适应学习工具

DreamBox Learning 是一款游戏形式的。针对 K-8（幼儿园到八年级）数学教学内容的自适应学习工具。

DreamBox 成立于 2006 年，目前支持个人计算机和 iPad 端，提供从幼儿园到小学五年级的在线学习服务，并能够实现自适应学习。根据学生的个体情况，通过算法分析为学生提供相适应的数学课程等。系统中每个学生的行为都被记录下来，并以此作为学生基础数学理解能力的依据，提供给自适应学习系统进行机器学习。以这样的方式，为数以百万计的学生提供个性化的学习路径，针对每一个学生的特殊情况给出不同的方案。学生在玩数学游戏的同时，该工具的分析系统将根据学生在游戏中的表现，不断调整游戏进程中的学习内容，并可为老师、家长和学校管理者生成分析报告。

学校和老师如何确保学生拥有最佳的数学学习能力？

教师需要帮助和指导学生掌握最有效的学习技巧，而 DreamBox 的智能自适应学习环境可以使所有的学生在学习课程中达到最佳的学习效果。DreamBox 数学课程分为三个阶段，每个阶段都符合国家教育标准，帮助每个学生学习最基础的课程。

儿童学习数学最关键的是通过虚拟教具让学生学会如何运算、熟悉计算规则和加深理解数学概念。

教学方式不同会导致学生的学习质量不同，通过互动式的教学方式可以提高儿童的学习兴趣和成就感。学生与老师、父母三者通过理解、沟通、辅助达到一个寓教于乐的学习氛围。DreamBox 数学成就学生学习的能力，使他们有一个良好的数学基础。

DreamBox 的 CEO Jessie Woolley Wilson 认为，DreamBox 的商业模型成立的原因在于现在的学生使用计算机、iPad 的时间大大增加，同时家长也希望孩子能学到更多的计算机技能，这给 DreamBox 制造了机会。

DreamBox Learning 可以自动适应用户在线学习的学习进度，提供了 500 多个在线数学课程、谜语、游戏等形式的学习内容。同时还以每个学生的学习行为作为基础进行当前数学能力评估，然后以最适当的方式去提示和指导学生向正确的方向努力。同时，该网站还为老师提供评估工具，用以了解学生的理解能力与水平。这其中包括，老师将获得一份针对每个学生学习情况的详细报告,包括对自己班上所有学生的总体情况概览。

当学生进入 DreamBox 系统后,他们可以为即将进行的学习游戏自主选择主题、角色和故事线。系统也会依据实时的游戏数据为学生提供辅助性个性化的学习计划。如果一位学生总是在一个地方犯错误,从而导致无法晋级游戏的下一关,系统也将给他相应的提示。

与此同时,DreamBox 还根据学生对知识掌握的程度,将其分成不同的学习小组,以方便老师进行小组化的课后辅导。学校和学区的管理人员也可以通过该系统管理端获知每个学校具体的教学情况。

美国加州圣何塞的三所政府特许学校(charter school)让全体一年级学生使用 DreamBox 自适应内容工具进行数学学习。根据 2011 年对该工具的研究报告,学生通过使用该自适应内容工具,数学成绩在数据上有了显著提高,可以证明此自适应工具有潜在的积极效果。

2011 年以来,DreamBox 的学生已经比前一年同期增加了一倍,目前,有 150 万活跃学生用户,在 2014—2015 学年,DreamBox 为哥伦比亚州提供了超过 50 个星期学时的 150 万节 K-8 阶段课程。

据 DreamBox 公布的数据,目前平台上的学生用户自 2011 年以来,每年都以成倍的速度增长,用户达到了 150 万。同时,平台上有来自美国 50 个州的共 7.5 万名教师,每日管理超过 100 万堂数学课。其中一部分适用于 K-2(幼儿园到二年级)的低年级学生,另外一部分课程适用于三年级到五年级的学生。

此前,DreamBox 曾获得来自 Netflix CEO Reed Hastings 领投的两轮融资,累计已经获得 4550 万美元。2015 年 9 月 1 日,DreamBox Learning 又获得 B 轮 1000 万美元融资,该轮投资由 Owl Ventures 领投,Tao Capital Partners 跟投。

DreamBox 方面表示,这笔融资将用于自适应平台的升级,加快产品创新,将学生的学习数据及时传送到教师以及区域管理者处,并将扩展到教学服务内容,增强其教育框架,并为地区和州报告学生数据,每小时每个学生存储 5 万个以上数据,希望最终能够培养学生对数学的理解能力。

3. 探索自适应学习，惠普发布智惠教育全方案

2016 年 5 月，在第 70 届中国教育装备展上，惠普公司发布旨在支持与提升 21 世纪中国学校教学发展的全新整体教育解决方案——惠普智惠教育全方案。该方案包含自适应学习部分。

惠普公司个人信息产品部总经理周信宏表示："在惠普，我们相信每一个学习者都应当有机会成为一个有创造力的个体，而不是同一系统生产的标准化产品。惠普的使命是改善教师与学生的学习工具，使其实现'去标准化'的学习，为此带来更为独特的——灵活、协作和动态化的教育体验。"

惠普智惠教育全方案是一套兼具数字工具、软件以及知识的整体解决方案，基于 Windows 系统设计，旨在提供更为灵活、个性化的学习的解决方案。惠普智惠教育全方案把教育软件打包预装在相应的惠普硬件设备中，老师在课堂上可以轻松管理学习者硬件设备、监控学习者学习进度。惠普智惠教育全方案，包含教学管理平台、英语教学、自适应学习、数学实验四个部分，并且和第三方软件制作商协作开发了 3D 教学及心理评价训练软件，形成了稳定多元的教学生态系统。

其中自适应学习平台 FishTree 由惠普和 ISV 协作开发。该平台由高级课程提供商聚合并且检索在线教育资源，支持数百种全球在线教育资源。通过对平台端收集到的大数据进行解析，分析每个学习者独特的学习方式，并据此形成相应的自适应学习方案。例如，为阅读型学习者多提供文字材料，为图像记忆型学习者多提供视频学习材料，并且将学习者的学习进度同步到教师界面，教师可以直接进行教学干预或提出建议，从而使学习更为高效。

2.1.2　自适应学习在中国的发展：与主流教育体制的矛盾

在国内，大家目前基本认同的一点，即技术驱动型的智慧教育代表着未来的发展方向，而自适应学习与大数据、人工智能、机器学习、知识图谱等新兴技术以及传统的统计学、心理学相结合，是一种标准的技术驱动型智慧教育模式的典型代表。

以国内的自适应练习产品"淘题吧"为例，从 2005 年开始对自适应练习进行研发，旨

在把题海战术转换为"精确制导"，达到众多学习者成绩显著提升的效果。但是，在艰难的前行中，发现这样的产品即使能较好地适应目前中小学的教学实际，成绩显著，但在发展上依然缓慢。

为何看起来这么好的东西，学生、家长和教师却都不愿接受呢？这是自适应学习在中国的发展中需要静下心来好好反思的。

仔细分析一下国内教育现状，就会发现自适应学习未能在国内学校教学中扎根的深层次原因。

虽然国内 K-12 教育为了减负进行了多次改革，但如果去问家长或教师，学生的负担减了没有？他们的回答基本是否定的。为何呢？整个社会都在快速发展，竞争越来越激烈，家长们不得不加重负担送孩子去补习，就是担心孩子输在起跑线上。教师为何在教育局屡禁的状况下还一直偷偷补课？就是担心自己的学生在升学时输人一头。又加上不少地区的教研监管部门举办的各类教学考核，别说学生自主学习了，有的时候教师连怎么教都不一定能自主。因此，学生在这个过程中，只能被教师和家长裹挟着往前走，他们喜欢什么，他们擅长什么，他们学习什么，他们都无法自己作主。在这种情况下，以自主学习为宗旨的自适应学习市场究竟有多大，就可想而知了。

作为自主学习、个性化学习代表的自适应学习，是未来教育的发展方向不假。可是，在 K-12 阶段，自适应学习若无法融入体制内的教学，就丧失了生长的土壤。那我们把自适应学习是放在学校，还是放在家里？若放在学校，现今以讲授为主的课堂教学却不适应，翻转课堂这样的教学模式也仍然在试验中，暂时没有看到能广泛应用的前兆。另外，开展自适应学习要求每人一台计算机，网络覆盖学校，这对于学校管理而言，也是一个难度较大的挑战。若放在家里，则教师和家长都非常担心，几乎在中学的每一次家长会上，教师都会要求家长管控好学生的上网时间与内容，更有不少家长直接反对学生在网络上花太多时间。并且学生的作业是教研室的重点检查内容，要想让教研室放弃纸质教辅而选用他们在质量控制上有难度的网络资源，也是难以做到的。所以，自适应学习在这种情况下失去了生长的基本条件，自然生长起来非常不适。

另外，学习者的学习是一个复杂的认知过程，自适应产品除了要细分各类知识点和能力层次水平以外，还要解决当下教和学中的实际问题。例如，知识点细分，细分到什么程度？又如，记录学习行为数据，要跟踪哪些学习行为？如何收集和记录？可靠与否？再如，学习内容上的知识图谱，这个图谱是不是能与当下的教学大纲相匹配？在机器检测上标准选项测试题解决得很出色，但非标准选项测试题呢？更多的其他题型如何解决？目前 K-12 教学是不是还是离不开纸面练习？若是离不开，那自适应是只能做到在线数字的，还是也可以落到纸质线下？诸如此类的问题反映了自适应产品本身在中国教育应用上还存在着巨大的困难。

中国的教育和西方的教育有什么不同？最大的区别是中国教育是应试的，而且在知识的要求上数量大、层次深。美国可汗学院做的许多方面如在讲解知识时非常有用，但要用来解决中国考试中碰到的难题，其作用就立刻会被消解掉。Knewton 在美国基础教育阶段取得如此之大的成效也可能是美国教育特点的缘故，到了中国，那些几乎是整人的难题就一定会让他们的工程师与内容专家们大呼头疼。自适应考虑的是一种自由的学习过程，我们能够学得快一点或慢一点。但在中国的中小学教学中，教师能否在个别学生没听懂或不太掌握的时候把全班的学习速度减下来？因此，自适应学习放到学校里，就会遭遇到各类困难，要解决的事情太多、太难。

另外，国内的 K-12 自适应学习产品，虽然最终使用的是学生，资金费用却掌握在家长手里，而且，学生的学习时间控制在教师的手里。最终，无论是学生，还是家长，在学习方面主要还是要听教师的。家长相对盲目，教师说什么就是什么，教师说要多少钱家长就掏多少钱。因此在国内 K-12 教育中，教师才是真正的用户与客户。

但是，让教师接受也不是一件简单的事。

在国内调查了很多教师以后，发现若要让教师接受自适应学习并实际运用到教学中，第一就是必须减负，为教师们减少日常工作量，而不是增加额外的负担。更重要的是要教师相信这种技术和产品是好的，认可技术背后的教育理念，确认产品提供的教育内容是无错误的，看到产品提供的服务是有效果的。因为在教育方面，教师会认为自己才专业，如何让教师看到并接受自适应学习技术的价值，这才是最根本的。

教师会使用校讯通，由于和学科教学无关，沟通又极为方便，没挑战教师的专业；教师会接受网络阅卷，一方面，上级部门有强制要求，统计又极为方便，另一方面，也没有挑战教师的专业；教师会认可语音评测，由于教师没办法测验学习者的发音，但机器能帮教师解决,也没有挑战教师的专业,因此也不太有难度;等等。但是,自适应学习对教师的专业发起了挑战。

由此看来,在国内,自适应产品要想真正地进入公立学校的K-12教育,不应只看学生学校,一定要关注教师。解决教师认为自己难以解决的困难,并且还不能给教师们增加负担,不要挑战教师的专业,这样教师才有可能愿意接受。

只要解决了这些矛盾,自适应产品不仅能在教学效果、学习内容与教育理念等方面得到教师的认可,为学生提供真正可行的个性化学习,而且还能把不同媒介的(字、图、音、视、VR、AR……)、不同来源的、不同难度的、不同风格的学习材料汇聚,迎来自适应学习的爆发。

1. 极课:像淘宝店一样做自适应学习推荐

极课系统能够做到智能批改、数据分析,并形成学生错题本、个人诊断报告、个性化学习包、学业信息档案、学科材料评估报告单等,并形成学习与行为相关的升级方案,为学习者的个性化学习提供根据。极课系统基于自主研发的图像算法与数据分析模型,力图做到极速批改,极致分析,极快响应。

极课系统由江苏曲速教育科技公司开发,该公司集合NPLUS GROUP数字实验室、多个教育行业专业机构与部分全国知名学校等多方资源优势,致力于研究"基础教育阶段教育大数据的形成和应用"这项全国性课题,共同研发出"极课大数据"基础教育学业采集和学情追踪反馈系统。

其创始人李可佳介绍,教育心理学家奥苏泊尔说:"如果我不得不把全部教育心理学还原为一条原理的话,我将会说,影响学习的唯一的、最重要的因素,是学生已经知道了什么。""研究学生、读懂学生"是"以学论教,少教多学"的关键。

极课系统分析得出学生原有的知识状况和学习能力,理解学生的兴趣和愿望,知晓学生的困惑和需要,把教学活动定位在"最近发展区",让学生"跳一跳,摘果子",同时把教材与学生的感情体验结合起来,使教学活动成为学生的生命感受过程,避免陷入"对牛弹琴"的尴尬境地而导致教学低效甚至无效。

极课系统帮助教师依据学生的特点设计教学:包括选择怎样的教学材料创设教学情

境,通过怎样的方法实施教学过程,教学的难度如何设计等。

极课系统真正为学生的自主发展服务。在教育教学实践中存在一个悖论:一方面,教师抱怨学生学习不积极、不主动;另一方面,无论是在课上,还是在课下,教师又很少给学生主动学习的时间和空间。研究学生,重要的是研究学生自主学习和自我发展的可能性。

极课系统增强教育教学的针对性和有效性:真实的课堂不可能完全是教师预设的执行,及时捕捉学生的学习现状和学习需要,可以在根本上解决教学的针对性和实效性。

极课系统使主观判断更接近客观真实,将教学定位在"最近发展区",教学应面向大多数学生,使教学的深度为大多数学生经过努力后所能接受。部分学生不满足按部就班的学习,教师应根据他们的最近发展区的特点,实施针对性教学。对于基础较差的学生,则降低要求,充分顾及个体的最近发展区。

极课大数据教学不是表演独角戏,教师一定要有"互动"意识,离开了学,就无所谓教。因此,对学生的认识就变得尤为重要。解读学生,首先应看作是对一个正常发展的人的解读,其次,教师要正视学生的弱点,从教学行为方式上影响他们。读懂学生才能使教学落实到学习者本人身上,实施有效教学;反之,抛开学生谈教学,好比空中楼阁,是不现实的。

把握学生心理,提高教学实效。了解不同成长阶段学生的心理、性格特点。《数学课程标准》要求数学课程:"要符合学生的认知规律和心理特征,有利于激发学生的学习兴趣;要在呈现作为知识与技能的数学结果的同时,重视学生已有的经验,使学生体验从实际背景中抽象出数学问题、构建数学模型、寻求结果、解决问题的过程。"

孩子和成人的心理特征有着相当大的区别。例如,成人写东西或看书的时候,可以不受外界的干扰,可是小孩子却做不到,教室外面飞过一只小鸟,他们会齐刷刷伸头去看。所以应准确识别学生的喜好和关注点。

对于刚接手的班级,教师必须了解学生以前的学习成绩、学习表现等情况,整体把握班内学生的学习水平,获知班内最高分和最低分,将班内学生整体分为优秀、中等、较差三类。分别选定三名学生为三类典型代表,从这三名学生身上了解学生的知识基础和学习计划,分析学生已有的生活经验和学习经验。

教师应适应学生思路,设置问题情境。课程改革要求教师由教"教材"转变为用"教材"教。这种转变,一方面体现了重能力重素质的教育观,体现了教师向课程的建设者和开发者角色的转变;另一方面也说明了课程标准和教科书是课堂教学最重要的课程资源。在熟悉了学生的学习路径后,教师通过一些精巧的问题设计就能起到良好的教学效果,但在设计问题时须与学生思路相结合,例如,模拟生活,找准每一节教材内容与学生生活实际的"切入点",创设良好的问题情境,让这些学生带着这些熟悉的生活情境进行思考,学习效果就会显著提升。

教师要善于总结记录学生的错误,将这些错误整理出来,当作宝贵的教学资源加以利用,教学将会取得事半功倍的效果。充分积累学生错误资源,发挥其教育作用,变"错"为宝。

要想真正理解学生,借助经验只是一种比较浮浅的方式,更科学地读懂还需要开展专题调研活动。我们可以按照"三步走"的方式,结合数据分析来读懂学生。

(1)课前分析:主要的办法有学前测试、问卷调查、学生访谈、家长对话等,目的是确定学生真实的学习起点,为科学设计教学方案提供理性依据。

(2)课中观察:观察的内容主要有学生的情绪状态、思维模式、作业质量、交流状态等,观察的方式不限于眼观,还可通过提问、设置疑难、暴露错误、参与小组活动等方式进行,目的是洞察学生的学习进程及其内在机理,为科学调控教学提供参照。

(3)课后追踪:采取的办法主要有答案分析、知识后测、问卷调查、学生访谈、对话家长等,目的是评估学生的学习情况,梳理和总结学生的学习成果。

2. 新东方早就布局了 K-12 自适应学习

早在 2014 年,新东方就与腾讯成立了合资公司微学明日,并推出 K-12 领域的自适应学习引擎"优答",应用于学习难度较高的初高中英语同步学习模块中。

优答构建了覆盖初高中六个年级英语的全部知识图谱,并依据知识图谱节点组织精品题库、解题方法、知识点讲解、考点透析等一系列相关资料。

K-12 市场上的不少题库类产品都是依据学习者做题的对错进行题目推送,这实际是对题海战术的延续,而非突破。优答做的是通过自适应学习引擎,把学习者从繁重的题海战术中解放出来。具体来说就是,优答自适应学习引擎从因材施教、个性化学习的角度出发,融合机器学习、数据挖掘、语义网络、人机交互等技术,在学习者学习与练习的过程中,实时获取并分析学习者的学习情况、对知识点的熟悉程度及对解题方法的掌握程度,即时提供适合学习者的学习材料,规划出学习者学习的最佳路径,据此帮助学习者有效提升成绩。

为了建立这套自适应学习系统,优答一方面聘请了大量新东方的优秀教师开发教学内容。对初高中学科内容进行结构化与精细化切片,标定详细的知识点、考点、方法,适合难度、前后置依赖关系等,并确保知识点的展示与学习都适合在 PC、iPad 和手机上进行。另一方面,在题库建设方面走精品路线,不只要求题的质量要高,能够真正起到练习与测试的作用,并且要求题与题之间要有联系,解题过程对学生的思考过程起到引导与规范作用,重点题目的每一个思考步骤都要有相应的讲解、知识点关联与难度级别设定。

为了验证这套自适应学习引擎的教学效果,上线之前,优答曾在全国各地寻找了近百名不同学习程度的学习者做对照测试;上线之后,优答还推出了学霸计划,学习者报名参加学霸计划后,优答对学习者的学习过程数据进行分析并跟踪服务,每月会进行一次总结和奖励,优化与传播自适应学习经验。4 个月的活动结束之后,优答对全部参与活动的学习者进行效果反馈与经验总结,在实际的学习过程中检验自适应学习的效果,让自适应学习功能为更多的学习者服务。

另外,围绕日常的同步学习,优答还推出了工具性的学习计划制订功能与学前摸底考试功能。学习者可自行制定学习方案,设定每天要做的重要事项,总结一个时间段的学习收获。而精准估分的摸底考试功能,也将帮助学习者全面摸清自己的学习状况,及时查漏补缺。

另外,新东方在线于 2015 年推出一款自主研发的基于自适应测评的智能学习产品"知心智能学习引擎",它构建新东方在线的智能学习引擎,记录并且分析学习者学习路径及做的每一道题,对学生的薄弱知识点以及能力进行精准定位,生成并且推送相适应的知识点讲解以及练习。通过系统对学习者学习过程的数据分析来实时优化学习者的学习路径与学习材料,并且通过这一阶段的反馈推送下一阶段要学习的内容。

　　研发"知心智能学习引擎"的初衷是让学习者更高效地提升学习效果,解决在线学习与培训针对性不强、效率不高的不足。知心智能系列模块的适应人群广、推送路径更加智能化和个性化,所以它是新东方在线最为核心的一个产品模块,也是新东方在线产品面向未来的主要发展方向。

　　从知心雅思产品一年多的运营结果来看,知心产品对广大自主学习的人群具有很高的吸引力。全力发展知心产品是新东方在线的产品研发重心,并且经过雅思与高考两个产品的测试,新东方在线做好了全面推广"知心系列智能学习引擎"的各项准备。其中"知心高考"内容覆盖全国17个考区,31个省份;按照备考周期,把高考分为备考、冲刺、模考三个阶段,通过录播课程＋直播课程＋刷题＋答疑＋VIP辅导,记录并且分析学习者做的每一道题以及学习路径,对学生的薄弱知识点以及能力进行精准定位,帮助其进行自主学习,推送相适应的知识点讲解以及练习,强化学习过程,直击考点,帮助考生快速提升学习效果与考试成绩。

2.1.3　自适应学习产品一览表

　　在教育科技界,提供或声称提供"自适应学习"功能的产品泛滥,但大多数人使用这个概念时,他们实际说的可能是单点适应性、自适应测试,或者基于规则的自适应学习。现今市场上绝大多数号称自适应学习的产品都属于这些类型,有多种规则并存,有些系统规则相对简单,有些相对复杂。

　　因此,本书搜集了目前教育科技行业中代表了在K-12和高等教育市场具有独特特征的一些知名的和创新的自适应学习产品,通过研究比较和分析多种不同产品的功能,从中分析哪些产品提供自适应内容或自适应评估,哪些工具使用自适应序列,哪些产品同时使用三种方法。

　　虽然自适应学习市场规模还不大,产值也不高,但真的要全面列举行业产品也不少于50个,相比这些分析过的产品,还有更多的产品未能涉及。所以,可以把这个框架看作其他自适应产品的一个参考基点,作为比照其他产品是否符合自适应学习的一个基本参照标准。表2.1能够让我们有一个认知。[①]

---

① 郭朝晖,王楠,刘建设.国内外自适应学习平台的现状分析研究[J].电化教育研究,2016,(4):58.

表 2.1　学习平台各维度分析汇总

维　　度			平　台					
			猿题库	Knewton	Smart-Sparrow	Knowre	CogBooks	Declara
内容模型	内容可修改性	闭合	✓			✓		
		半开放						
		开放		✓	✓		✓	✓
	内容提供方	平台模式		✓	✓		✓	✓
		出版商模式	✓			✓		
	科目	单一科目				✓		
		多种科目	✓	✓	✓		✓	✓
		科目列举	高考中考科目、公务员	无科目限制	医学、工程	数学	无科目限制	UGC、无科目限制
学生模型		静态						
		动态	✓		✓	✓	✓	
		连通		✓				✓
教导模型	个性化匹配方式	基于算法						
		基于规则						
		混合	✓	✓	✓	✓	✓	✓
	评估及推荐频率	罕见的						
		标准性						
		持续性	✓	✓	✓	✓	✓	✓
	自适应实现方式	自适应内容推荐	✓	✓	✓	✓	✓	✓
		自适应导航支付	✓	✓	✓	✓	✓	✓
		自适应内容呈现	✓	✓	✓	✓	✓	✓
目标对象	细分市场	K-12 教育	✓	✓				
		高等教育	✓	✓	✓		✓	✓
		职业教育	✓	✓	✓			✓
		企业培训					✓	✓

续表

维　　度			平　　台					
			猿题库	Knewton	Smart-Sparrow	Knowre	CogBooks	Declara
目标对象	商业模式	B2B	√	√	√	√	√	√
		B2C	√	√		√	√	√
		C2C	√					

进行比较研究的自适应学习工具的更多信息,参见表 2.2。

表 2.2　有关研究的所有工具

自适应领域	工　　具	描　　　　述
内容＋序列	CogBooks	帮助教育工作者提供个性化学习
	DreamBox	K-8 数学游戏产品,适应学习者的知识水平
	Knowre	数学计划,评估优势和弱点,并提供内容填补空白
	MathSpace	跟踪并提供有关数学问题所有方面的反馈,包括中间步骤
	MyLab	一个高等教育工具,为 80 多个不同的课程提供沉浸式内容、教程和学习计划
	Redbird Advanced Learning	自适应 K-12 数字课程,混合学习服务和专业发展
	SmartSparrow	自适应电子学习平台,用于创建和部署丰富的互动测验和模拟
	Waggle	为二到八年级学生的数学和英语提供共同核心的教学和评估
序列	BrightspaceLeap	数字企业解决方案和学习管理系统的提供商
	Fishtree	自适应学习平台,用于策划、调整和个性化在线课程
	Knewton	自适应学习平台,根据学生的需求定制教育内容
评估	CK-12 平台	开源 STEM 内容的提供商;允许教师编辑和共享定制数字教科书
评估＋序列	ALEKS	高等教育的数学评估和辅导系统
	LearnSmart＋SmartBook	自适应技术,支持超过 1300 个 McGraw-Hill 课程
	ScootPad	适合 K-5 学生练习数学和阅读技能的自适应平台
	SuccessMaker	成绩 K-8 的阅读和数学软件,提供个性化的学习路径

续表

自适应领域	工 具	描 述
内容	LearnBop	年级学生的自动在线数学辅导和分析工具
	Lexia	阅读软件,用于学前和小学的基础技能
	ST Math	基于 UCIrvine 的神经科学研究的视觉和概念数学程序,用于 PreK-12 级
内容,评估	Fulcrum	具有视频、文本、互动练习和测验的综合高等教育课程
	i-Ready	用于 K-8 年级数学和阅读的自适应评估和教学
	IStation	基于 UCIrvine 的神经科学研究的视觉和概念数学程序,用于 PreK-12 级
	Mastering	一个高等教育工具,为科学和工程学生提供内容、工具和经验

2.2 自适应学习的领导者

当今对自适应学习的研究,美国的成果最显著,涌现了 Knewton、ALEKS、DreamBox 等一批知名自适应学习系统,得到广大教师、学生的青睐,而这其中,Knewton、ALEKS 更是全球自适应学习平台的典范。

本节将以 Knewton、ALEKS 等自适应学习平台为典型对自适应学习进行详细介绍。

2.2.1 全球最知名的自适应学习引擎:Knewton

Knewton 是美国知名的自适应学习平台,在达沃斯经济论坛中被誉为"科技先锋",并且被 Fast Company 杂志评为全球大数据领域最具创新力的十大公司之一。

与其他的在线教育创业公司相比,Knewton 最大的特征是其强大的自适应学习算法。其最大的优势在于强大的实时推荐引擎,用数据来分析学习者的学习行为,测量学习者的水平,以此来预测学习者未来的表现,提升学习者的学习效果。这套算法可以更准确地判断用户的真实水平,为用户推荐和其水平相适应的学习课程。Knewton 通过不断地提问与测试判断学生的真实水平,教师再为用户提供与之水平相适合的课程辅导。在 Knewton 平台上,若是学生在测试过程中遇到困难,系统就会不断地降低测试难度,直到用户能够掌握的知识水平为止。同样，若是用户水平很高，Knewton 就会不断地增大测试题目难度，直到用户遇到学习困难为止。从目前课堂反馈来看，Knewton 确实起到了很好的效果，许多学习者都能在预定计划前完成学习任务，掌握所学知识。

Knewton 的创始人约瑟·费雷拉（Jose.Ferreira），曾任美国知名的考试培训机构 Kaplan 公司高管，后辞职在哈佛读 MBA，之后创办过一家制图软件公司 DizzyCity，做过风险投资人。出于对生产流水线式的传统教育不满，2008 年费雷拉回归教育行业，创办了 Knewton 来重构学习模式。Knewton 最先推出了 GMAT 培训课程，与曾为 ETS 和 LSAC 编写最早的网络考试软件 CATs 的教育软件专家 Len Swanson 和 Rob Mckinley 协作，编写了网络考试的综合评分软件程序。Knewton 运用新一代网络教学平台开展互动教学。这种新型的教学方式，注重于发现每一个学习者的强项和弱项，以便教师给予针对性的指导。并对各个知识层面所需掌握的概念都加以标示，以便检索，有利于检测学习者对于标准考试所测试的数百种技能的掌握程度。

2011 年之后，Knewton 逐渐开始和内容供应商协作，2012 年和培生集团共同发布了双方协作开发的基于培生 MyLab/Mastering 的自适应学习产品。2011 年，培生教育集团的 MyLab/Mastering 产品就有 900 多万学习者注册使用。

从成立之初，Knewton 就致力于提供一流的个性化教育，虽然听起来有些虚无缥缈，可是经过多年的发展，Knewton 已逐步建构起软件、基础架构与应用程序接口（application program interface，API），搜集汇聚了海量匿名数据集，这些成为了 Knewton 建立自适应学习平台的基础。

在实际操作中，Knewton 的分析引擎可以跟踪各个学习者的优势与劣势，反馈给教师，判断与预测知识空白点，提供个性化的讲解，依据各个学习者的学习路径调整教学材料。这听起来像是在为消费平台搭建基础架构，可是 Knewton 选择作为一个服务供应商，为教育出版集团提供适应性基础架构，不但积累在线学习材料资源库，而且让学习材料更为个性化与智能化。

如今，Knewton 自适应学习系统在基础教育、高等教育、语言教学、企业培训及其他诸多领域得到广泛应用，全球诸多学校与商业机构譬如微软、培生等都在运用 Knewton 的技术来改善学习效果。并且，Knewton 平台几乎覆盖目前全部层次的主流课程，不论是高等教育,还是 K-12 领域,Knewton 都能满足需求。

如今,全美有 100 多万名学习者通过 Knewton 平台学习数学与阅读等基础学科。2011 年 1 月,亚利桑那州立大学尝试运用传统模式与 Knewton"自适应学习"结合的混合教学,两个学期后,课程退课率从原来的 13％下降到 6％,通过率则从 66％上升到 75％。从亚利桑那州立大学的反馈来看,Knewton 确实起到了良好的作用,不少学习者都在原定计划前完成了学习任务。

Knewton 平台如今向企业开放,以后计划也向个人开放。Knewton 的最终目标是创建全球最有价值的关于人们如何学习的数据库,这些数据将会非常有价值,特别是如今各国政府正在尝试通过科技的手段解决教育危机。

1. Knewton 是如何实现盈利的

Knewton 自成立以来共获得五轮投资,从成立之初的 250 万美元 A 轮融资,到之后 5100 万美元的 E 轮融资,总额超过 1 亿美元,在教育科技企业领域里遥遥领先。Knewton 的发展相当快速,2011 年,Knewton 获得 Accel Partners 与 First Mark Capital 3300 万美元投资时,公司估值就早已达到 1.5 亿美元。

除了高额融资以外,Knewton 本身早已实现盈利,只是没有公布公司的财务状况。2011 年,Knewton 的全年营收预计为 600 万美元;2012 年,《福布斯》预测未来四年内,Knewton 的营收有望突破 1 亿美元。

不同于同类的工具型教育科技公司免费增值的商业模式,例如 ImagineK12 孵化的 ClassDojo 与 Remind101,它们选用的都是免费增值的模式,这种模式类似于 Instagram 与 Snapchat,免费为用户提供产品,推广到学校的教师,依靠教师的口碑传播给更多人,之后再通过功能升级或为学区提供分析工具来盈利。

而 Knewton 的核心产品是自适应学习工具,成立之初主要针对 GMAT、LSAT、SAT 等规范化在线考试,2011 年以后陆续和大学与内容出版商协作将各类课程材料进行数字化,创建庞大的在线教学资源库,为学习者提供课堂学习资源,其覆盖的学习者范围囊括 K-12、高等教育以及职业发展教育等。

Knewton 如今的协作者囊括众多世界一流的教育出版商,如培生教育集团

(Pearson)、霍顿・米夫林哈考特集团(Houghton Mifflin Harcourt)、剑桥大学出版社(Cambridge University Press)等全球知名的出版巨头,为它们的产品提供技术支持。

但这却不是 Knewton 协作的唯一方式。Knewton 也和硬件开发商、在线授课平台、学习管理系统、App 供应商等机构协作,2017 年 3 月以来陆续和微软以及欧洲在线教育公司 Sanoma Learning 敲定协作关系。协作者能够利用 Knewton 的开放平台,创建和各个学生匹配的学习材料与体验,对于正在或者即将和微软协作的出版商与内容供应商,则能够把自适应学习技术集成到自己的产品中去,为教师们提供成熟的预测分析能力。

Knewton 已和全球各地 15 家公司达成协作协议,覆盖 120 个国家,例如与微软和培生这样的巨型公司协作,构建自己的适应性教学材料资源库。也为 Knewton 带来巨额盈利,这是获得用户最有效率的方式,而不是自己去开拓市场,由于这些内容供应商正在经历由传统向数字时代的转变,Knewton 和英国、土耳其、韩国等国家的大型教育公司都建立了协作关系。

随着慕课的兴起,新的数字分销模式正在兴起,现今许多教育机构的重点放在教育内容分销上。而 Knewton 所做的是服务另一端的客户——在线教育平台,例如 MOOC 等平台同样可能成为 Knewton 的客户。Knewton 潜在的机遇与市场却非来自传统出版界,而是日益增多的在线教育平台,以及这两年新兴的学习模式。

不论是培生教育集团、Coursera,还是 Udacity,他们的核心竞争力都在于传播优质的知识,而 Knewton 想做的是,成为驱动学生的基础架构。随着 MOOC 平台对自己知识资源库与课程库的强化,到一定程度之后他们将会开始着手提升用户体验,为用户提供个性化学习体验。而此时 Knewton 就能发挥用武之地。作为适应性的 PaaS(平台即服务)供应商,把知识供应商提供的知识接入技术与个性化,这块尚是一片蓝海。

由于众多出版商正在着手适应日益数字化的世界,作为一个技术供应商,Knewton 的优势越来越明显。仅仅去年 Knewton 就针对学习者产生了 20 亿次个性化推荐,这得益于和众多知名出版公司的协作,囊括 Houghton Mifflin Harcourt,Macmillan Education,Triumph Learning 及 Cambridge University Press 等。

这些协作关系让 Knewton 在 2013 年的营收翻了三倍,此前 Knewton 的客户主要在高等教育领域,和 Houghton Mifflin 以及 Triumph Learning 的协作使其有机会深入 K-12

市场。

Knewton 自适应学习的目标是为学习者提供预测性分析以及个性化推荐,依据使用者的学习特点与学习习惯的差异提供实时精确的预测,即时调整知识供应,使教学更为个性化。

其"自适应学习"原理是通过在学习中不断监测学习者的学习情形,导出最适合下一步学习的材料与活动,当学习者在学习中遇到困难时,课程的难度会自动降低。教师能够运用 Knewton 的实时预测技术来监测各个学习者的知识薄弱点,即时调整,为各个学习者提供个性化教学。

对于每一个 Knewton 平台的运用者,系统会不断地挖掘学习者学习行为数据,对学习者在系统中的活动展开实时的分析与反馈,为学习者提供与之水平相适应的课程。在此过程中,学习者能够获得持续更新的学习反馈追踪记录,将学习者最近学习的概念和技巧,以及在运用过程中的学习轨迹纳入考虑范围,利用这些信息使学习者从任意时间点开始都能够达到最优化的学习状态。用户运用 Knewton 平台的时间越多,平台运转效率就越高。由于学习者的学习活动会增加注意力、关注度与强度,这些高强度的努力产生了拥有巨大信息量的有意义的信息,一旦有了充足的信息,这个平台会总结出学习者的学习模式,可能存在的学习盲点、学习优势和喜好、强度与缺点等。

譬如,若是学习者在学习代数课程时遇到困难,系统就会不断地降低测试难度,直到找到用户能够掌握的知识水平。反过来,若是学习者水平很高,Knewton 就会不断增大难度,直到用户遇到十分大的困难。若是一个已经运用过 Knewton 系统的学习者添加了一门新的课程,这个课程会利用学习者的已有信息进行"热"启动(没有任何信息的能够看作"冷"启动)。

2. Knewton 系统是怎样运作的

初始系统里有成千上万个模块的学习材料,囊括视频、问答、题目等,Knewton 要提供下一步推荐的话,实质上是要解决这个问题:系统里有这么多材料,此时最应当呈现给学习者的知识是哪一个?里面用到一些统计分析的模型,来判断哪些适合学习者来学习。系统会给每一项内容打分,然后依据分数排序,来决定学习者下一个该学习的材料是什么。各个模块里的材料可大可小,或许是一个小问题,也可能是一个学习活动,这与许多互联网公司为用户做的推荐是一样的原理。而给材料打分的一个很重要的基础就是知识图谱,及它们之间的相互关系,这个图谱让系统更好地决定哪个材料是最适合学习者学习的。

什么样的学习材料更适合自适应学习系统,这其实和现今各种各样的自适应学习技术相关。总体目标还是让学习更有效,包括效果与效率。起先是设计的系统要可以记录下学习者学习认知的有效信息,给学习者推荐下一步学习材料应当相对灵活,满足不同学校的不同要求,保证学习者可以投入进去,专注于学习。学习者应当学习什么样的概念与材料,还有这些概念、想法之间要有什么关系,这里面其实有各种各样的材料,最核心的是找到哪些是有从属关系的。还要看学习者是否需要按一定的顺序学习,是否有可供选择的灵活度。最后,若是某个知识点变了,系统能否把这个考虑进去。传统印刷出版行业的知识更新是不频繁的,数字环境下要改动更新会容易许多,因此设计的时候要搞清楚更新的频率有多快,更新什么样的知识,对系统有怎样的影响。

譬如,知识点颗粒度的大小,对系统推荐下一步的影响。听起来像尝试,但对设计学习材料影响很大,就是颗粒度要细分到什么程度。例如,设想一个小测试,它包含的知识点有三个(X、Y、Z)。学习者在小测试中的分数是前65%,从这个信息来说,学习者对这三个概念只是部分掌握。然后就面临这个问题,学习者下一步该学什么? 可能性有多种。系统能够确定哪一个学习者哪一个知识点掌握得怎么样。固然,这是一个简单的例子,两三个问题不可能系统地确定学习者掌握得怎么样。像这个例子,X掌握得已经很好了,学习者能够直接学Y与Z。如此,系统推荐的学习范围就能够缩小,就能够把知识点颗粒度降得很低,也让学习者觉着学习的整个过程是看得懂的。而有些学习产品的问题在于太灵活了,学习者不了解这个过程。在理论上能够看到最有效的学习范畴,但实际上学习者需要知道学习的整个背景和路径。

3. Knewton系统怎样测量学习者的水平

首先掌握学习者的学习信息,同时把学习者的学习进程与教师进行沟通。传统教育是如何测量学习者的水平呢? 最传统的方法就是考试,如果不考虑题目的难度、质量与区分度,就需要多次测试。很难知道题目到底有多难,以前或许课程设计师会自己去猜,看这个题目到底有多难。可是若是有海量信息的话,就能够精确地定位这个题目的难度到底有多大,把难度考虑进去后,做对一个难题,学习者对一个知识点的掌握程度就会高一点。

以往的系统将每道题分成多个步骤进行测试。对于有多个步骤的题目,猜对答案的概率就小许多。若是只有对或错的题目,学习者会有 50% 的概率猜对。Knewton 的 GMAT 机考,早已把这些考虑进去了,而且 GMAT 测试非常高效,学习者在很短的时间内就能完成测试。

如今,自适应学习系统测试学习者的水平,不是一次测试,而是跨时段测试。学习者水平如何,甚至不需要特殊测试,就能够知道学习者对某个知识点的掌握处于什么样的水平。

这对未来有什么意义呢?听起来有点像科幻电影,但有许多都是会实现的。

如今在考试前就能够知道学习者的水平。以后或许不需要许多测试,测试能够去测更多、更高级的东西,如批判性思维。自适应学习开始实现个性化教学,知道学习者会哪些,不会哪些。在学习过程中会做许多模拟,看他们哪些能做对,哪些无法做对。

最后是测量有效性,这么多自适应产品,到底对学习有没有效果。这是非常重要的问题,同时也是难以回答的问题。如今许多出版商大多数的经费都花在了市场营销上,有更多学习信息的话,就能够知道哪些产品对学习者的学习是有效的,从而减少在市场营销方面的开销。

2.2.2 教育出版领域的自适应学习创新:McGraw-Hill Education

知识空间的评价与学习(assessment and learning in knowledge spaces,ALEKS)是一款基于网络的人工智能评价与学习系统,被称为有史以来最有效的学习系统。ALEKS 基于知识空间理论,通过适应性提问,快速准确地定位学习者掌握的知识与没有掌握的知识,并选择该学习者最应当学习的知识点来推进学习。而学习者在学习的过程中,ALEKS 会不断地重新评价学习者所学,强化所掌握的内容,保证学习者不会忘记学习过的知识。

ALEKS的研究理论范式是基于"知识空间理论",该理论由纽约大学与加州大学欧文分校的数学家与认知学家们共同创建。ALEKS最大的特点是其核心的人工智能具备个性化与连续性两大特征,可以评价每一个学习者的知识状况。

举一个简单的例子来描述ALEKS的科学原理。若是九年级的山姆使用ALEKS来学习基础代数,ALEKS会怎么操作呢?

首先,ALEKS要评价山姆在初级代数学科的"知识状态",也就是已学会的知识点。假设初级代数只有5个知识点(分别是(A)四则运算、(B)分数、(C)因式分解、(D)一次方程、(E)不等式),那么对于某个学习者来说,就会有32种可能的知识状态。再去除一部分不可能的状况,这5个知识点对某个学习者来说有13种可能的知识状态。而ALEKS创建的知识空间,就是在建立这些不同知识状态之间的通路。换句话说,在某种知识状态,最适合学的下一个知识点是什么,以通往下一个知识状态。山姆在知识状态ABC,最适合他学习的通路就是D或E这两个新知识,让他通往下一个知识状态ABCD或者ABCE;而若是山姆在知识状态ABD,最适合他学习的通路就是C,也就是他需要巩固旧知识C。

固然,这只是一个简化的知识空间,就基础代数来说,有上百个知识点。对于ALEKS的某个学科,都是上万亿个知识点形成的知识空间。而ALEKS能够准确定位各个学习者所处的知识状态。

基于此,ALEKS给学习者提供的学习材料是最适合这个学习者当下学习的,不会由于知识太难而让学习者产生学不会的挫败感,也不会由于知识重复过于简单而让学习者产生不用学的无聊感。

ALEKS一开始并不是设计用来振兴教科书产业的。它是在20世纪90年代由一个加州大学尔湾分校的数学家、认知科学家与软件工程师组成的团队开发的,本来是用来阐述与测试一个特殊的数学理论,关于知识构建以及描述,研究知识空间估测与学习。但是,ALEKS的创造者并不满足于将它局限于象牙塔内。他们在1996年成立了一个公司,麦格劳-希尔教育公司在2013年收购了它。现在,这个教科书产业的巨人与它的发明者正在将ALEKS商业化成一台超级实用的自适应学习的教育机器。

麦格劳-希尔教育公司的总部在曼哈顿Penn Plaza的一栋摩天大厦高层。但是,最近它的运行其实在波士顿创新区的研究与开发室里,那里的软件开发员正忙于给机器学习算法查漏补缺,基本上可以被认为是一家早期阶段的科技创业公司。负责监督其数据运行的是 Stephen Laster,曾在哈佛商学院首席信息技术官的工作中与"破坏之父"Clay Christensen 一起工作。作为 CEO 的 Levin 从 2014 年 4 月着手新职位,并不是因为他在课本产业内的背景——他其实在此行业内毫无经验——而是因为他在技术公司的经验。他的经历中包括了 Symbian 软件的 CEO,是移动手机开发操作系统的世界先驱。现在,麦格劳-希尔教育公司的产品开始在 IT 界中崭露头角,如拉斯维加斯的消费者电子展览。

教育本质上是社会性的,学生需要由训练有素且精通业务的老师来培训。但是,进行一对一培训,手把手的教导,无论是从时间,还是资源方面,占用的成本都越来越昂贵。自适应学习软件的作用,是把所有可能帮助自助学习的经验都编入程序,这样可以把老师的精力释放出来,把重点放在机器解决不了的问题上。

但是,有多少教学经验可以实现标准化、智能化? 而且,这种做法会得不偿失吗?

麦格劳-希尔教育公司数字化学习的高级研究员 Ulrik Christensen,对这个问题的看法是,计算机辅助教育的程度和效果取决于课程的选择。例如数学课,教学目标相对独立,结果容易测量。学生只需要正确地回答几个固定类型的问题,并且这些问题都只有一个正确的答案。如果学生们能做到这一点,那就意味着他们已经掌握了学习内容。反之,他们就没有掌握。

这使得麦格劳-希尔教育公司的 ALEKS 方案的优点是侧重于技能、实践和掌握。这也使得该软件对教育的影响相对容易衡量。

在这一点上,麦格劳-希尔教育公司的解释是,ALEKS 仅针对数学、化学和商业类的学科设计。对于其他的学科,企业提供了称为 Learn Smart 的课件,与竞争对手 Knewton 的产品相似的是,在涉及更复杂的知识领域的课件上增加了自我调整、动态适应的功能,允许教师随时测试和衡量每个学生接受的知识和技能。在这个系统中,教师可以调整测试的内容或在一些学科中使用特殊的教材。

麦格劳-希尔教育公司的 Laster 说,他已经充分意识到尽管自适性科技在高度抽象化教学中有其局限性,但在社会学科和人文学科的教学中依然有其不可替代的作用,当然,前提是设计精良、实施得当。如果科技继续以这样的发展速度推进,Laster 相信自适性软件终有一天可以智能到能够推断出学生对概念的理解,而不是仅仅评估学生在类似"最佳选择题"等问题解决中的表现。Laster相信,因为有一支不断壮大的机器学习专家队伍,所以他的公司有一天可以实现这个目标。

并且,麦格劳-希尔教育公司推出了一款叫"Connect Master"的自适性软件产品。和ALEKS一样,该产品首先会进入数学课堂,紧接着慢慢引入到其他学科。不同的是,Connect Master更多地应用概念方法,而不是行为学方法,它会要求学生呈现出他解题的每一个步骤。通过分析他的每一步推理过程,然后诊断出他哪里出错以及出错的原因,这是其他软件较少尝试的。

这也是这个领域里面其他软件过去几年致力发展的智能形式。卡内基·梅隆大学的Koedinger把它称为"步骤层面的自适应",也就是软件可以针对学生每一步的推理即时反馈,它和"问题层面的自适应"截然相反,因为后者只分析最终答案。Carnegie Learning和Koedinger一起研发的Cognitive Tutor创造性地提出这个方法。

从某些层面上讲,这是一个令人激动的突破,尤其是Koedinger和他的团队早在20世纪90年代后期就致力于这种模式的技术研发。这个软件并不能实现任何问题步骤演进的动态评估,它没有任何人工智能的成分,只是用于简单地去定位和诊断学生解题的整个思维过程中出现的一些推理断层和错误。

事实上,准确地诊断学生的错误要比想象的还要难,一道代数题可能只有唯一的正确答案,但是理论上学生可用来解决问题的可能步骤却多得数不清。如果你不够仔细,你的软件将会告知你:你走上错误道路了,而实际上,你只是走在一条与教科书作者们的设想不一致的道路上。

在学生提出错误问题时,同样的难题也在挑战着软件程序给出适应性方案的能力。当学生们在麦格劳-希尔教育公司的一本交互教科书上提出错误的问题,这本书会通过文本、图表或者视频方式来试着更好地解答这个错误的概念。但是,这要求这本教科书的作者们预先想到可能导致学生产生错误答案的常见错误或误解。麦格劳-希尔教育的研究发现,这些作者们,尽管在自己所在的领域是专家,但在学生们可能产生概念误解的地方,预测能力却出奇的糟糕。

问题并非是教科书的作者们不称职,而是他们没有途径获得教科书被如何应用于真实教学情景中的反馈。书中写出的能够有效解决学生需求和实际问题的解释,实际上都是作者个人猜测。

如果他们完成不了其他事情,如他们解决不了适应性和人格化这类难题,那么新兴起的交互课件应该至少可以帮助作者们写出更好的教科书。

另外,麦格劳-希尔教育公司的科技理念也更容易吸引家长、教育工作者与其他担心学习者隐私问题的人。一部分公司,尤其是 Knewton,会搜集海量数据,其中不但包含问题答案,还包含点击频率与地点等信息。麦格劳-希尔教育公司选用一种“小数据”方法,仅仅使用算法对学习者最近点击的知识展开解析,以决定下一个问题该问什么。

“不要让这件事变得过于复杂,也不要做有害的事情。”拉斯特说道。他的目标是:共享的信息不多于老师能够在模拟世界中获得的信息。“我不需要对您的孩子无所不知。”

类似麦格劳-希尔教育的其他公司也开始注重数据隐私。“拥有数据访问权限会带来责任。”培生教育集团数字数据、分析和自适应学习中心的负责人约翰·拉鲁森(Johann Larusson)说道,“在培生,我们打造的一切都以让学习者得到最佳效果为中心,我们只会运用实现这一目标所需的数据。”

2.3 自适应学习的教学

2.3.1 自适应学习的课程模式

18 个学生依次走入一间明亮的教室,沿着教室的四周摆放着 18 台计算机。学生们选择座位坐下,登录计算机开始安静地学习。在背面的桌子上,主屏幕用一些表格和数据可视化工具将每个学生的工作进度实时可视化地显示出来。

这不是某些未来电影中的桥段,而是来自纽约威彻斯特社区大学的教师雪莉·维尔兰教的初等代数课。在威彻斯特社区大学,初等代数这门课的合格率仅达到 40%。但在计算机辅助教学的惠兰老师实验班上的学生,平均合格率为 52%。而且,ALEKS 还对成功使用了它的个别学生单独辅导帮助少数有潜力的(天才)学生在同一个学期内通过了更高层次的计算机辅助教学(computer assisted instruction,CAI)的数学课程。

维尔兰课堂上的学生都统一使用一个名为 ALEKS 的程序,每个学生在使用时都会遇到不同的问题。一个坐在角落的女学生正试图用基本的线性方程解决问题。坐在她左边的男生则全神贯注地思考分数的问题。靠近一些的,一个聪明的学生已经开始简化一个包含分数和变量的公式了。

第一眼看过去,会觉得每个学生都处于不同的教学阶段。当然,某种意义上来说,这是对的。更准确地说,这个课程本身就是在因材施教。

当这个学期刚刚进行了三分之一时,一些优秀的学生已经可以参加期末考试了,把其他人远远甩在后面。他们最终的目的都是掌握一样的概念和知识,但是掌握这些知识的顺序方法,包括学习的节奏,都是由人工智能软件通过评估学生每次的课业表现进行调整的。

ALEKS刚开始对每个学生的教学设置是一样的。但是,当学生们开始回答系统自动生成的实际问题时,ALEKS的机器学习代码程序便开始自动分析他们回答问题的行为,从而判断他们对概念的理解程度。如果对于某种类型的问题错误率较高,系统就会推荐阅读一些背景材料,看一下教学视频或者给予一些提示。

但如果学生轻而易举地就回答完了问题,如线性不等式,系统就会让他们开始尝试多项式或者指数。当学生熟练掌握后,系统就会问他们是否准备接受测试。通过了,他们就能继续深入学习,当然,除非他们更愿意选择不同的主题,如数据分析或者概率。一旦学生进入系统开始学习,选择的主动权就在他们自己手中了。

维尔兰作为课程指导教师,并没有一味讲课。什么是教学重点?什么时候能够让每个学生都因材施教?她让自己成为一个"流动式"引导者,当学生有问题时,才会去讲解。课程的助教也是如此,随时回答学生问题,帮助那些遇到困难或者准备考试的学生。在学生们学习的时候,软件记录了每个人答题的正确率和时间。当维尔兰的在线系统告诉她很多学生都在相同的地方遇到困难时,她会把这些学生组织起来进行一个小组学习。

这种教育模式下的成果大大不同于美国过去一百多年的传统教育。传统教育中,老师在幻灯机背后或是在白板前,对着满屋的学生在同一时间说着同样的话。有些学生都不知道老师在说些什么,而另一些学生已经完全掌握了,觉得上课是浪费时间。只有处于中游的学生因为老师讲课的进度和他们的掌握能力匹配,所以觉得课程很好理解,也有趣。一节课结束,每个学生都会收到同样的作业。

大部分认真思考教育这件事的人都认同一个观点:传授课业的固有形式是有缺陷的,这种形式有时被人戏称为"讲台上的圣人"。但应该以何种方式取代,却无法达成共识。课上、课下内容对调?大规模开放线上课程?或者强调以动手能力和项目完成为导向的学习?

从维尔兰的预备代数课程可以看到将来的课堂形式——这不仅仅局限于社区大学,K-12以及高等教育、语言或者社会学等学科,都可能被影响。这样的课程模式,在其拥护者眼中代表着几十年以来科技和教学的新突破,虽然正处于早期阶段,但具备可以变革教育的潜力。

自适应学习的一个观念可能并不总是被提到,它认为课程教学应当建立在这样一个思想上,即学生是否通过一门课程,应该取决于掌握程度,而不是课程的时间。自适应学习支持"精熟学习",它可以描述学生在任何教学情境中通过一系列给定的试题、实验或活动,学生的进步取决于成功完成这些任务,而不是花在学业上的时间。

自适应学习是基于学生对特定领域知识精通的学习,而且认为学生能够通过成功地完成一系列给定的试题、实验或活动提升自身对课程学习材料的掌握程度,而不是凭借花费时间的多少。在线自适应学习将人们的视线引向精通掌握的灵活学习上。

自适应学习营造了一个可自我调节的指导性课程模式,在该模式中,可围绕学习分组讨论来优化现场教学,可依据各个学习者的个人学习路径与学习方式的不同,提供不同的视频、教材及测试等学习内容,持续地评价学习者的掌握程度来即时作出调整,并通过给学习者颁发课程奖章,激励学习者进一步学习。

同时,这种模式从另一角度也实现了"混合式学习"(blended learning)。混合式学习是通过对各种学习媒体、学习模式、学习环境和学习内容等学习要素的有效混合,提高学习者的学习满意度,优化学习资源的组合,从而达到最优的学习效果和经济效益。自适应学习将电子化学习环境下的自主学习和课堂学习环境下的合作学习相互结合和互补,建构出一种既能发挥课堂学习中教师的主导作用,又能体现学生通过自我学习进行建构知识的全新学习方式。

自适应课程和游戏有着许多的共同点,学生有无数的机会展示技能、反映行动和获得反馈。更重要的是,自适应课程通过逐步升级学习的难度,游戏过关式地展示下一个学习层级,增加悬疑性,使学生始终处于一种游戏般的"流动"状态。通过不断强化多种游戏元素(如在自适应学习中,提供了各种进步奖励、勋章以及成就),将自适应课程转变为真正的游戏化学习体验。而对学习的"解锁"(反映在展示的卡片隐喻上)过程,有助于提高学生对他们学习进步的满足感。

2.3.2　自适应学习的教学法

自适应学习是一个以课程应该适应每一个学习者的思想为前提的教学方法。

教育本质上是社会性的,学生需要由训练有素且精通业务的老师来培训。但是,进行一对一培训,手把手教导,无论是时间,还是资源方面,占用的成本都越来越昂贵。

自适应学习教学法的作用,是把所有可能帮助自主学习的经验都编入程序,这样,老师就可以把他的精力释放出来,把重点放在机器解决不了的问题上。

新泽西州的 Kean University 的两位老师在他们的课程中使用 LearnSmart 和麦格劳-希尔教育公司的系列产品 SmartBook(SmartBook 是一种互动教材,会根据学生对随机小测的回答来改变课程的内容),他们认为科技让他们的教学更简单、方便了,同时他们也认为这对他们的学生有帮助。

Julie Narain 副教授谈到之前为 25 个学生的每份作业评估打分总是会花费很多精力和时间。现在这个软件接手了这项工作。她的学生们可以马上看到他们哪里答对或答错了,而以前需要等好几天才能知道他们的成绩。"通过软件,我能知道他们在每道题上花了多少时间,也知道他们哪里答错了。"

不过,万事古难全。每个学期总有几个学生会在设置账号、登录上遇到问题,或者他们会忘记如何在这个教学平台上找到布置的作业,或者忘记交作业。Valerie Blanchard 也是一位在肯恩大学讲授"谈判"课程的教授,她表示电子教材的其中一个优点是比印刷教材便宜。

同时,她又谈道,"不过也有点苦乐参半,当你有两个学生,他们是室友,在修同一门课,却不能用同一本书,必须要有自己单独的登录密码。"这听起来也许只是一个小小的不便,但是同时也是这些"个人化教程"的一个更深度的问题的象征——它们把学习的过程完全设置成独自的努力。

就在走廊的另一端一个吵闹的学习室里,在一本印刷教材前学习的 3 个年轻人,正在解决一个数学问题。他们在同时学习一节由传统方式教授的初等代数课,尽管他们对这节课程的掌握程度不同。他们也许在进入这个班级的时候掌握程度就不一样,但是,由于他们在同一时间被布置了相同的阅读任务和作业,所以他们就可以一起协作,互相帮助。他们一起解决问题的协作过程中包含了另一种自适应学习——人类对彼此差异性的协调,与前一种让算法帮他们的协调有所不同。

今天,教师和学校管理者面临的最大挑战之一是对学生个性化发展的尊重以及学生的多样性日益增加问题。学生的个性化和多样性越多,意味着需要考虑的需求就越多。有些人因为英语不是第一语言而挣扎,有些人很难集中注意力或者难以融入组织,有些人可能在某方面有缺陷而在其他方面却具有不寻常的优势。

自适应学习让教师能够满足学习者的个性化与多样性需求,并且观察学习进程。例如,系统可以发现,一个学生在数学概念方面有问题是因为他有阅读理解的困难。系统就会指导教师讲授语法和词汇的特定学习内容,并且建议教师可以在这些方面进行针对性地辅导。另外,如果系统发现一个学生能够理解数学概念但在计算中有麻烦,教师就会收到通知,对这个学生给予如何提高计算能力或在完成后细心检查的建议。然后,教师就可以根据这条建议,精确地指导学生,让该学生了解自己存在的问题。

自适应学习系统有学习进度追踪功能,用于衡量学生在课程中的进度。这个功能作为一个二进制指标,帮助教师有效地掌握整个班级的信息。使用这个工具,教师可以从整个班级和个别学生两个角度看到数据报告。

自适应学习系统的教学控制面板中有一个直方图,提供整个班级的"追踪"状态的图形化评估。使用控制面板,教师可以看到学生在各个学科领域中的表现。例如,哪些学习材料对学生来说是最具有挑战性的,学生在课堂上有什么样的表现和活动模式。经过多年讲授同一门课程,教师将能够对多年的教学数据进行比较,通过分析帮助他们掌握有用的信息,从而可以将他们从解释教学结果的工作中解脱出来。

教师可利用自适应学习系统精简的报告控制面板,专注于整个班级学习状况的大局,也可以在控制面板上单击查看系统中每个学生的具体信息。教师可以看到学生在指定的测验和考试中的表现。如果学生没有掌握学习材料,教师可以确定(使用分析指导他们到具体的数据点)学生在哪些地方产生了什么误解。

这种能力使教师能够满足学生的多样化需求,更好地理解他们的教学内容,并且可以逐年改进。

另外,自适应学习系统能够改进和理解长期课程开发的内容。一个能够度量内容学习效率的系统,能够帮助教师确定他们的教学内容中好的或差的方面。自适应学习可以帮助教师准确地了解他们正在教授和评估的内容。这确保了学习内容可以进行分析并每年微调改进,学生永远不会受困于过时或无效的学习材料。在技术平台上,学习材料开始适应性地满足各个学习者独特的学习需要。并且,学习者能够生成海量有价值的信息,通过解析这些信息,确保学习者保持最有效的学习方式。

自适应学习让教师可以深入了解学生学习过程,特别是在学习效率、参与程度及知识记忆等方面能够有较好的洞察力。该平台还提供了前所未有的灵活性,教师不仅可以掌握整个班级学生的活动和表现,也可深入了解个别学生的学习状况,确定该学生的学习内容。

自适应学习教学法作为一个连续的适应性教学过程,对每个用户在系统上的表现和活动都进行实时响应。通过在正确的时间对每个学生提供正确的指导,从而使学生实现制定的学习目标的可能性达到最大化。换句话说,自适应学习教学法解决了两个基本问题:一个是如何通过特定数量的反馈数据精确地掌握学生对知识的掌握程度;另一个是既然已经知道一个学生当前的知识水平和学习状态,那么这个学生从现在开始应该学习哪些新的知识。

为了提供连续自适应学习,教师将会利用系统分析基于成千上万的知识点的学习资料,包括概念、结构、不同层次以及媒体格式数据,采用复杂的算法不断地把每个学生的最有效的数据内容拼接起来,教师通过系统分析收集所有学生的表现数据,提炼出最适合的方案,用来给每个学生优化学习方法。

自适应学习的教学法可以通过即时反馈、分组协作与游戏化模式提升学习者的注意力与兴趣,增加学习者学习自信心,减少不适和挫折,改善学习者的参与效果,养成高效学习的习惯。

　　如果学习效果能够即时反馈,学生就不太会分散注意力,因为他们可以快速自我纠正。教师利用连续自适应学习系统能够以多选择模式和自由试题两种方式,实时或者接近实时地给学生提供个性化反馈,使学生学习的步调变得有助于风险控制、目标实现、迭代发展和快速学习。

　　孤立会使学生在学校遭遇的挑战变得更为强大可怕,而自适应学习可以建构一个学习社区组织来提高学生的参与度。在自适应学习中,教师可以依据学习者学习教材的不同把学习者进行一级分组,再依据学习者作业互查机制与学习者的能力反馈结果进行二级分组,使每组组员的能力能够互补。

　　教师还可以运用自适应学习,提供差异化的学习辅导服务,即利用项目反应理论对学习者的学习状态开展测试评价,基于学习者问题层面的表现,而不是整体测试成绩对学习者的能力进行建模。对于不同问题的理解,项目反应理论并没有同等对待,而是根据不同问题提供问题信息与答题者个人能力信息进行赋值计算。例如,艾米、比尔与查德 3 位学习者有同样的学习目标——理解乘法公式、一位数乘法、两位数乘法、解决乘法应用题;这四个概念的预备知识分别是乘法符号、理解乘法、100 以内的整数乘法、用乘法解决问题。例如,要理解"两位数乘法",需要先理解"一位数乘法"。

　　这 3 位学习者答的前三道题目是一样的,由于第三道题比尔答错了,和其他两位同学出现了不同的学习状态,故 3 位同学开始呈现出不同的学习路径——比尔在理解"乘以两位数"时遇到了困难,故继续回答和这个主题相关的题目,而艾米与查德进入到下一个主题;第四题艾米回答正确,继续完成接下来的题目,而查德回答错误,继续回答和"理解乘法公式"这个主题相关的题目。这 3 位同学展现了他们为达到同样的学习目标而开展的自适应学习过程,从中能够看出平台的差异化指导有助于学习者更多地关注自己的薄弱环节,而不至于在早已掌握的环节上做无用功——平台引导那些学习困难的学习者(如比尔与查德)继续回答和问题主题相关的题目,直到他们理解、做对题目,进而掌握概念;对于那些掌握程度较好的学习者(如艾米),平台则向其提供按照自己步调学习的机会。

　　虽然完全面向教育者的自适应教学系统在行业内不多,但教育界对适应性教学还是有所研究的。自适应学习的教学法一般应用在教学反馈或者考试评估中,当学生作出教学反应或回答测评题时，根据学生反应数据进行分析，为教师提供教学建议，及时动态调整教学行为，提供适合学生学习程度的教学内容和教学路径。其目的是根据不同标准量化表示有效地对学生的能力进行定位。

当学生回答测评题时，根据学生回答问题的正确与否，下一个题目会动态调整，并修改和调整测评的标准，只提供适合学生学习程度的题目。

对于教育者而言，运用自适应教学系统可能会存在一些障碍。自适应的教学系统对于每一个学习者而言，必然是个性化的教学。但个性化教学对教学进度的控制、对课程的管理等，都与现有教学体制有非常大的冲突，并且，对老师的教学能力也存在一定的要求。因此，在公立教育体系中推广这种教育技术的产品相对较难。在培训市场中，以线下见长的团队，其教育技术研发能力可能受限，但是将这种产品应用于强化培训中非常有效。

开发与实施适应性教学有较常见的4种不同方法。

第一种方法是在宏观水平上转变教学，允许出现不同的教学目标、课程材料难度与传递系统等。为取代学校中传统的固定步调的集体教学而开发的适应性教学大多数采取这种方法。

第二种方法是依据学习者的具体特征调整具体的教学过程与策略。这种方法要求确定和学习者最相关的学习者特征（或能力倾向），并且为具备此特征的学习者选择最能促进其学习过程的教学策略。

第三种适应方法是在微观水平上改进教学，在教学过程中动态诊断学习者特定的学习需求，为不同需求的学习者提供不同的教学，如智能助教系统。

第四种方法是基于特定教学法开发的可适应系统。这些系统中的教学方法包含建构主义、动机理论、社会学习理论与元认知等。

虽然这4种常用方法可依据具体场景进行选择，但是，更常见的是做成混合式系统，以应对现实的复杂性。并且，在具体学习的研究范式中，还有很多更深入的问题可以探索，如将认知负荷理论应用于自适应教学，就是一个探索方向。教师还可以在系统内增加学习管理功能，如社群互动、班级管理、支持学习设计的功能等，以完善学习环境。很多自适应学习系统搭配延伸服务，包括取得延伸内容、真人线上答疑或者线下辅导，以强化运用经验与成效。

2.3.3 自适应学习的课程设计

自适应学习支持老师、家长以及学习者创建自适应课程,每门课都由创建者自由选择的若干个任务组件构成,各个任务组件内包含一定数量的题目,并且以不同方式为学生提供不同的学习路径。

为了使自适应学习工具在真实的课程教学中发挥作用,它们必须与相应的教学模式,以及系统层面需求的变化和基础设施相结合。例如,如果教师开展具有严格教学进度要求的课程,则教师必须在学年的每天都进行频繁评估,缺乏灵活性,也不允许出现例外——这样,将具有自适应序列的工具纳入课程教学很可能不会成功。具有自适应序列的工具允许学生随时选择任何需要掌握的知识技能进行学习,在这一点上可能会与教师教学的方法产生冲突。

在学校实施自适应工具的方法必须与工具被设计使用的方式一致,从而保证获得成功。例如,具有自适应序列的工具必须在这样的学习环境中使用,该学习环境支持:

(1) 学生以自己的速度学习。

(2) 学生可以学习不同的内容。

(3) 学生学习不同技能的程度,可能高于或低于年级水平期望。

(4) 学生按个性化的学习路径掌握技能。

(5) 学生学习技能不同于老师同时在教室里教授的技能。

为自适应课程,选择学习任务有两种方式。

1. 接收推荐

平台基于知识图谱与用户学习行为数据分析,向用户推荐其适合或感兴趣的学习任务,而用户可将推荐的学习任务加入他创建的个性化课程里。

2. 依据目录树选择任务

平台已内置海量的任务,以学科—年级—主题—子主题等任务多维关键词表征,用户能够通过多维搜索的方式主动选择学习任务,以创设个性化课程。

例如，数学学科在六年级水平上有代数Ⅰ与代数Ⅱ、数据分析与概率统计、几何与三角函数、数与计算四大主题；在大主题下又有子主题，如数与计算这一主题包含数的概念、复数、比率等子主题；各个子主题又对应一个学习任务。课程创建完成后，用户可通过站内信与邮件的形式邀请学习者加入、激活课程并且参与学习。并且，用户还需要填写课程名称与课程详细描述、关联 K-12 课程大纲与任务完成时间，以方便用户查找与使用课程。平台将跟踪这门课程全部学生的学习动态，并分析生成学习者的基本信息与总体任务的完成状况，包含学习进度、学习困难、任务完成状况统计等信息，一方面方便教师与家长掌握学生学习动态；另一方面也利于教师与学生进一步设计个性化的课程。

从亚利桑那州立大学的课堂反馈看，自适应学习的课程设计确实起到了很好的效果，很多学生都能提前完成学习任务，掌握所学知识。

在自适应学习的课程设计中，学习材料开始适应性地满足每个学生独特的学习需要。同时，学生可以生成大量有价值的数据，教师可以通过分析这些数据，确保学生保持最高效的学习方式。

2.3.4　自适应学习与学校变革

自适应学习的广泛推广与应用，需要学区与学校管理者作出重大转变。

美国巴尔的摩县共有 175 所公立学校，11.1 万名学生，目前正在进行自适应学习的大规模部署，这里的公立学校系统经过 4 年的精心规划，学校团队花费 18 个月时间对老师、家长、地方企业、社区团体等个人与机构开展了数百次访谈，于 2015 年秋天开始推行 DreamBox 与 i-Ready 等自适应学习工具。

学校团队将自适应学习技术作为巴尔的摩县"学生和老师通向明天"（STAT）行动中重要构成部分的决定，很大程度上是为了确保来自经济状况不同社区的儿童能接受平等的教育。该学区小学领导力发展执行理事克里斯蒂娜·拜尔斯说，自适应技术有助于确保孩子们不会由于他们的地域、种族或者是就读的学校而吃亏。

该学区为新的教学方法做的准备工作也花费了不少时间。先前，巴尔的摩县对课程设置作出了调整，以便采用新的混合式教学模式，而且定义一整套术语为该项目打下了基础。在开展大范围推广前，该学区先在几所"标杆性"学校从低年级开始推出了几款产品。

另外,从校长至教师还开展了许多不同级别的培训。每所学校安排一名教师接受培训成为"STAT 教师",作为应对系统问题的"本土力量"。

另外,"自适应学习"这个词除了听起来很"潮",还意味着要增加教室的科技含量。

巴尔的摩县公立学校计划在 2018—2019 学年为每名学生配备一台数字设备——惠普生产的笔记本/平板计算机二合一产品。该学区还成立了指导委员会,对 8 项需要前后紧密衔接的业务变革作出管理与协调,包括新型课程表、计算机网络及与之相关的教师培训。虽然目标是让学生对他们的学习方式有更多支配权,可是自适应工具也需要和总体的学习管理系统全面整合,这样教师才能把它们和其他数字与非数字资源相结合,帮助某个特定的学生。该县选用的方法还能让教师在遇到突发故障时上报学区,或者是向其他使用者推荐让某个程序易用的方法。

巴尔的摩县学区的计划要想发挥作用,自适应科技产品的提供商也需要经历某种巨大的改变。该学区针对想成为供应商的企业制定了一套详细的流程。巴尔的摩县雇用约翰霍普金斯大学的教育研究和改革中心对 STAT 行动作出了一次全面评估,在此次评估中,该中心会评估数字授课工具的效果及它们给教学带来的改变。"我们会耐心看完销售人员的演示,可是在我们的学区建立信誉意味着要让我们的学校与老师看到切实有效的东西。"巴尔的摩县公立学校成绩管理和评测执行理事雷纳·亚当斯(Renard Adams)博士说道。

这仅仅是一个开端,知名大公司希望该学区购买他们的全套工具与课件,"可是我们希望采用类似于'iTunes'的方法——我们不想购买整张专辑,只想购买我们想要的歌曲。这让他们难以接受。"巴尔的摩县公立学校 IT 部门企业应用程序主管珍妮·因布里亚莱(Jeanne Imbriale)说道。而许多规模较小的公司又无法或者不能满足该学区灵活配置管理的需求,例如,在午饭前后的高峰时间增加支持人员的需求,"教师通过查看搜集的学生活动信息设置下班时间与周末值班人员的需求。""许多公司能做与不能做的事情非常不灵活。"拜尔斯说道。

DreamBox 是接受该项挑战的公司之一。它承诺提供充分的支持并且对授权模式作出调整,同意以不按年级、更加灵活的方式销售产品。毕竟,自适应学习重点在于每名学生都能按照自己的进度学习。"我们也许会有一年级学生与五年级学生同时需要访问三年级课程的情况。"拜尔斯说道。

DreamBox 首席执行官杰西·伍利·威尔逊证实公司已作出了上述修改,而且会着手作出其他修改。自该公司 2011 年首次开始向学校销售该程序以来,随着教师渐渐习惯了在授课时运用该程序,它的功能也越来越多。"如今,我们把它称为'智能自适应平台'。"伍利·威尔逊说道,并且强调称教师能够运用 DreamBox 创建自己的课程计划。"教育科技曾经有这样一段时期——科技很难融入实际课堂活动。但我们很快就会度过这段时期。"

2.3.5　自适应学习与教师转变

一部分应用最广泛的教育科技并不需要教师对实际工作方式作多大的变更,数字化的书本终究只是书本换成了另外一种介质,计算机与 Chrome book 上网本虽能够取代打字机与纸笔,但不会引发教室革命。

自适应学习却并不属于这种状况,除了选用混合式学习模式外,课堂时间还会被划分为传统学习与电子学习两部分。老师必须允许学生按照自己的进度学习,还需要接受让软件真正决定学生接下来要学习的知识,以及运用软件收集的定量数据和他们自己的定性直觉一起评价学生的表现。他们需要愿意把站在教室前面讲课的模式换成在学生们不用计算机时对他们作出更个性化的讲解的模式。

在加州奥克兰的 Aspire ERES 学院,学生们把 50～80min 的时间用来使用在线工具,如 ST Math 与 i-Ready 等。和米尔皮塔斯的公立学校一样,加州与田纳西州的 38 所公立学校认为,自适应技术是用来帮助低收入人群学生实现通过大学入学资格考试目标的最有效方式。

除了混合式课堂对行政后勤方面显而易见的挑战——如安排学生在教师时间与计算机时间之间轮换以外,自适应学习工具还需要其他改变。每周五,二年级教师马克·蒙特罗(Mark Montero)都会开展 15～30min 的"数据谈话",这期间学生会谈论他们的学习进度及在运用自适应产品时遇到的问题。表现格外出色的学生会成为"学生辅导员",用他们 30min 轮换时间中的最后 10min 帮助班上的一位同学克服困难。学生需要讨论他们在计算机上做的事情。

自适应技术要求教师和学生之间有一种不同于以往的信任。教师需要放弃对一些细节的管理,要相信每名学生都在努力学习,都在尽他们最大的努力,而不是漫无目的地点来点去消磨时间。为了确保他们诚实的学习,每名学生的 Chrome book 上网本前面都有一幅类似交通信号灯的图示。若蒙特罗认为哪位学生有所懈怠,就会用激光笔指向黄灯。若黄灯再出现一次,则红灯亮起,这个孩子就要离开计算机了。在 i-Ready 上,"你还在吗"屏幕保持工具会在学生几分钟不活跃之后弹出,这对学生来说也是不光彩的记录。另外,蒙特罗随时能够查看这些工具保存的海量信息,如学生们通过了多少节课、投入了多少时间等。

与此同时,教师也容易误解这种技术。约瑟·韦勒小学首次推出 i-Ready 时,他们错误地认为数据就是唯一的制胜法宝。一开始,这项计划要求教师在学生前往学习实验室时留在教室里,由自适应工具生成的信息告知教师课程计划。然而,当教师把过多的备课时间用来数据挖掘时,学生的成绩并没有提升。数据很重要,但并非最重要。最根本的目标还是高质量的教学。

说到教学质量,虽然没有决定性的证据表明自适应学习和更熟练的学习掌握之间存在联系,可是松冈表示他坚信自适应学习已经帮助许多勤奋努力的学生缩小了成绩上的差距。它无疑对个人学习行为有所帮助,推出自适应学习技术的这一年里,约瑟·韦勒小学的休学人数从 50 减少为 0。看到天资聪颖的学生在学校生活中能够不受束缚地向前飞奔,松冈非常满意。

9 岁的阿丽尔·塔鲁克德,这个沉稳且自信的三年级学生,演示了她所运用的各类程序,她显然属于学得相对快的那群人。许多孩子在玩通过读书数量赢得积分解锁的小游戏时,她根本没时间参与。她有自己的长期规划,虽然还没决定是要成为一名宇航员,还是要成为政治领袖。

教师在自适应学习中对整个学习过程有敏锐的洞察力。自适应学习让教师能够对学生的学习过程,特别是学习效率、参与程度以及知识的记忆力有较好的洞察。教师可以掌握学生在整个课程中的活动和表现,也可以深入研究一个学生的学习曲线,判断是什么让这个学生的学习变得困难的。

学生需求的多样性增加了学校的管理和教师教学的难度,学生多样性越大,需要考虑的需求就越多。自适应学习让教师可以强调学生的多样性需求,同时观察学习进程。例如,系统能够发现一个学生在数学单词方面有问题,是因为他在阅读理解方面有缺陷。系统就会推荐教师教授特定的关于语法和词汇的材料,并建议教师对这个学生在这些方面采取单独辅导的方式。如果系统发现有一个学生在理解数学概念上没有问题,却在处理数学计算上很粗心,教师就会接收到这个学生应该受到关于如何增加计算能力和答题后检查辅导的建议。然后教师可以个性化地指导学生,并让其了解自己存在的问题。

如果通过指导面板就能够测评内容学习的效率,那么教师就可以根据效果分析挖掘教学材料的优劣方面。自适应学习能够帮助教师精准地掌握他们正在教授和评估的内容。这样能够保证这些内容被分析,并且实时调整改善,不会让学生因为过时的或者低效率的学习材料而遭遇学习障碍。

自适应学习有众多好处,但也有许多困难让教育工作者难以实施。大多数自适应工具适用于由教师主导的学习环境,这意味着它们需要能够在教师作为主导者的教学情景中协调工作。

在学生学习和教师设计教学的过程中,从众多可能的学习方案中作出选择是教育过程的重要部分。通常,学生能够展示某个技能的熟练程度,但不能在项目中实施该技能。在这种情况下,教师要求学生重新复习该特定技能的基础知识。对自适应学习系统的要求是,教师在数字自适应学习工具中需要高水平的灵活性。

教师需要自适应学习工具给予他们能够修改学习推荐内容的自主权。他们希望能够快速审查学生在自适应工具中学习的内容,以便教师需要为该学生提供干预时,他能确切知道该学生迄今为止做了什么。通过查看这些信息,可以帮助教师了解学生困扰于什么问题,并帮助他们找出对这个学生传授知识技能最有效的方法。

教师在掌控工具的时候也会要求一定的灵活性。他们希望能够根据学生和他们的课程的需要,在自适应学习工具中重写或改变某些指标特征。例如,教师可能不允许学生自由选择知识技能并改变知识技能。或者,对于重要的课程概念,他们可能希望将掌握程度从 70%调整到 80%。

目前,大多数自适应学习工具不允许教师作出这种改变,甚至还包括分析学生的表现或推荐新内容的方式也不能改变,这可能使教师难以将自适应学习整体地融入他们的教学设计中。

2.4 自适应学习的应用

与国内相比,美国的自适应学习技术推广速度要快得多。在美国的全日制学校里,已经开始有了自适应学习技术的应用。然而,自适应学习真正大规模地推广,还面临一系列挑战。

(1) 需要改变教学实践。

(2) 被认为缺乏证据证明有效。

(3) 紧张的教育预算。

(4) 对创建学生学习行为数字记录的隐私问题。

(5) 关于制造这些工具的一些公司的财务可行性问题。

(6) 像许多耀眼的技术承诺一样,自适应学习还没有提供完全肯定的答案。

(7) 科技界和教育界正在商讨,众多教育者渴望的“证据”应由什么构成。

(8) 如果没有证据表明这些工具能帮助提高学习成绩,是否仍然值得使用?

(9) 如果没有证据表明它能使学生对学习更有兴趣,或者它能让教师有更多的时间去进行个性化教学,是否仍然值得使用?

这些问题令许多人感到不安,学生家长不愿学校因为要解决新技术存在的问题而让孩子接受劣质的教育。学校董事会也不愿意支持有风险的项目,以防项目出问题而被登在当地报纸的头版。

没有人会承诺变革是容易的。即使是最热衷于技术变革的支持者,也不能作出此承诺。除非人们相应地改变了他们的工作方式,否则,新技术的表现通常不如现有技术。因此,探索“自适应学习”可能成为教育领域一小部分教育者、企业家和慈善家一种试探性的并有些尴尬的独舞。

美国知名教育技术资讯与资源平台网站 Tech&Learning(www.techlearning.com)对美国 K-12 教育阶段的自适应学习应用状况的调查结果显示,在美国,教学中使用自适应学习系统的教育者主要集中于 3~5 年级,并且对"自适应学习"的含义较为混淆。

受访者分布在 K-12 所有年级,其中较小部分由高中教育者组成。受访者中的三分之二在公立学校工作,"教师"是采访的职位中最大的一类,其他受访者包括管理员、地区工作人员和技术支持人员。超过 40% 的受访者回答了"目前您所在学校或地区是否使用自适应学习系统"的问题。

2.4.1　自适应学习在高等教育中的应用

自适应测试在高等教育中很受欢迎。

在我们研究的高等教育工具中,67% 有自适应测试。这意味着学生可以根据他们个人的需要,在他们通过课程的过程中使用不同的内容和技能。此外,一些工具允许教授创建自己的内容或上传课程材料,而其他工具则提供课程的内容。

许多公司表示,自适应工具收集了大量数据,但并不是所有的工具都实际使用所有收集的数据适应或响应学生。相反,收集的数据通常显示在控制面板上。这是因为一个工具收集了大量的数据,并不意味着工具实际上使用这些数据适应学习。

亚利桑那州立大学已经开始应用自适应学习软件,最著名的来自 Knewton 和 Pearson,这也是过去三年里十几门大学课程中的核心亮点,而且使用软件的课程已经从数学扩展到诸如化学、心理学以及经济学等学科。该大学声称,现在自适应课程的招生规模每年都在 26000 人左右。大学首席学术技术官 Adrian Sannier 说:"目前,我们还没有遇到过失败。"虽然他的工作头衔现在听起来有点怪,但总有一天,它会和教导主任一样,为美国校园中的每个人所熟知。

但失败几乎是不可避免的。从 B.F.Skinner 在 20 世纪 50 年代提出的作为电子学习模式开端的"教学机器"开始,在教育的历史上对自主学习的失败尝试不计其数。阻碍这一切发展的因素本质上来源于教育的专业性,以及即使在少数专家认同(网络教学实践)的情况下依然存在的糟糕的教学环境。目前在这方面依然没有一款自适应的可用软件。对于那些个别的成功案例来说,近些年调查出来的对于(网络)学习效率的结果不容乐观。

"卡内基代数辅导"是卡内基·梅隆大学在 20 世纪 90 年代开发的,它是世界上较早,也较有影响力的自适应学习软件之一。它的效率被探究了很多年,而且被证明了在特定的条件下确实促进了学生的课程表现。但是,2010 年,一份联邦研究报告显示它对学生标准考试的分数"没有显著影响"。

2013 年,以 RAND 公司公布的一项历时七年,耗资 600 万美元,对横跨七大洲的 147 所高校的研究结果为开始,整个大环境变得更加复杂。在这项研究中,对在普通教室以传统方式学习的学生和在虚拟教室使用"卡内基代数导师"学习的学生的学习表现作相互比较。研究发现,第一年的比对结果没有明显差别,然而在第二年,使用软件授课的学生的成绩全年提升幅度是传统教师授课学生的两倍。

一位乐观主义的专家看到了研究结果进而得出结论:恰当的科技的实施需要学生、教师或者双方都进行适当调整。只要方法得当,结果将是丰硕的。这位乐观主义者还指出目前依然处在科技与教育专业性的发展阶段。

Koedinger 依然保留了自己过去在卡内基·梅隆大学人机交互学和心理学的教授职位,他在这个职位继续进行着自适应学习软件的开发。"我认为潜力是巨大的",Koedinger 说,"我喜欢类比科技在其他领域,诸如交通方面的应用。我们从走路发展到马车,又发展到 Model T 系列,现在甚至有了喷气机。现在教育科技方面的发展,我认为正处于 Model T 阶段。"

Peter Brusilovsky,是一位匹兹堡大学的教授,也是自适应学习的先驱者,说自己看到(并且实践)了很多使用自适性软件辅助学习而得到高分成果的研究。他说,如果(使用自适性系统辅助学习)没有得到高分,则可以认为软件的设计不够好,或者是存在软件设计问题,即当教师和学生试图引入一种新的学习方式的时候,学习如何使用这个软件的学习曲线过于陡峭,对于初学者则不好上手。

2.4.2　自适应学习在 K-12 教育中的应用

依据对教育工作者与创业者的一项非正式调查,自适应学习技术目前只触及了美国 K-12 学生中的很少一部分人——可能仅有 20%。尽管如此,这项技术依然备受关注,由于它瞄准了几个根本性问题:我们能否创建一种能让孩子比对传统教育更感兴趣的知识传授方式?教授概念或者技能的次序有多重要?我们怎样才能让考试或者测评不仅用于对学生作出排名,还能成为了解学生学习动机的窗口? 自适应学习是否有助于缩小成绩上的差距? 这些都是让自适应学习在 K-12 教育中深受关注的原因。

对于一些一直从事教育工作的人来说,当前趋势不过是最新电子潮流,不仅会分散管理层注意力、搞乱课程,而且过几年后又会出现下一个潮流。但是,自适应学习可能比他们想得更持久,原因有二:第一,教科书公司已经对此投入很多,不会回头;第二,可能,至少在某些情况下,自适应学习真的管用。

在南加州 Myrtle Beach 附近有一所曾经面临困境的中学,将走出困境的功劳归功于新的科技。为了提高学生的考试成绩、学习兴趣和教师的出勤率,学校采用了 ALEKS 以及其他自适应学习软件平台。威斯康星的一所以 STEM(科学、技术、工程和数学)为主的慈善学校也见证了类似成功,根据"教育周刊"的报道,这家学校将本来用于教育职位的资金用来购买更多的数字评估材料。

许多 K-12 自适应工具专注于数学。如果一个工具具有自适应功能并提供学习内容,其内容最有可能是数学。例如,根据教育工具在 EdSurge 索引上的标识,只有 6%的语言艺术工具是自适应的,而 16%的数学工具是自适应的。此外,提供内容和自适应程序的工具都关注数学技能。

自适应内容在 K-12 中很受欢迎。在我们研究的 K-12 工具中,78%具有自适应内容。例如,LearnBop 和 Lexia 都为 K-12 学生提供个性化的反馈,并在发生错误时提供高水平的支持,以便学生可以解决问题,直到他们得到正确的答案。

由 Tech&Learning 完成的美国第一份 K-12 学段自适应学习应用状况的调查报告提供的数据显示:

(1) 70%的用户认为干预学习是使用自适应学习软件的首要原因,其中 40%认为是用于辅助教学。

(2) 49%的用户使用自适应学习软件作为补充课程,42%将其用作核心课程。

(3) 学生用户数量最大的群体首先是三至五年级,其次是六至八年级,最后是二年级以下的学生。

(4) 80%的用户将自适应软件应用于数学,78%用户使用它进行阅读。

(5) 使用自适应学习技术的最大反对意见集中于"学生在屏幕前花费的时间太多"。

　　如何让学校和家庭同时接受自适应学习,是目前面临的一个难题。

　　人们普遍认为,自适应学习最重要的作用是提供个性化学习。有超过 1200 名受访者认为自己是自适应学习软件的用户,这些用户大多数是 K-8 公立学校的教师。

　　用户对自适应学习的不同方面的重要性进行排名,排名均值及特征见表 2.3。

表 2.3　排名均值及特征

排名均值	特　　征	排名均值	特　　征
9.25	提供个性化或个性化的学习	8.79	为每个学生提供独特学习进程
9.12	为差生提供学习干预	8.72	为优秀学生提供更丰富的教学内容
8.92	提高学生的整体成绩	6.45	降低教学费用

　　受访者使用自适应学习的目的,报告见表 2.4。(此项调查,受访者可多选)

表 2.4　报告

内　　容	数　　量	百分比(%)
教学干预与调节	727	69.77
提高效率	409	39.25
补充课程	505	48.46
核心课程	432	41.46
其他	88	8.45

　　作为一个基本的应用水平调查,重要的是要了解自适应学习软件的应用趋势。

　　用户报告表明,正在应用中的自适应学习主要集中于数学和阅读,见表 2.5。

表 2.5　自适应学习学科分布

内　　容	数　　量	百分比(%)
数学	807	80.06
阅读	781	77.48
其他	169	16.77

　　自适应学习年级分布见表 2.6。

表 2.6　自适应学习年级分布

内　　容	数　　量	百分比(%)
二年级	485	53.65
三至五年级	664	73.45
六至八年级	551	60.95

用户报告显示,47%的学生没有来自家庭的自适应学习应用计划。另外,由于技术基础设施及设备不足,自适应学习在学校的充分应用也有问题。

正如每个教育家都知道的,在学校里很少有足够的时间完成一切计划,因此,自适应学习必须提供证据,以证明在其之上投资的时间是有价值的。

当被问及他们在学校或学区使用自适应学习系统时遇到的问题和挑战时,受访者给出的回答见表 2.7。

表 2.7　自适应学习问题反馈

内　　容	数　　量	百分比(%)
学生看屏幕时间过长	219	26.32
不吸引学生	210	25.24
教师可控制的太少	202	24.28
不匹配教学大纲	132	15.87
不够严格	102	12.26
其他	287	34.50

当被要求选择他们的软件的自适应水平时,有 37%的人回答,他们的系统正在持续地采集学生在课程内和课间的学习反馈数据,见表 2.8。

表 2.8　用户对自适应水平的反馈

内　　容	数　　量	百分比(%)
线性课程序列和课前课后评估	403	43.71
实时和连续自适应	344	37.31

内　　容	数　　量	百分比（%）
直接指导课程后推荐	126	13.67
其他	49	5.31

当被要求对自适应学习的各方面进行具体排序时，受访者将"实时和连续自适应"评为最高特征，见表 2.9。

表 2.9　用户对自适应特征认知的反馈

排名均值	特　　征	排名均值	特　　征
8.94	实时和连续自适应	7.89	线性课程序列和课前课后评估
8.04	直接指导课程后推荐	6.65	其他

2.4.3　自适应学习应用普遍面临的问题

调查的最后一部分针对的是自适应学习软件的潜在用户。

当被要求选择最符合他们情况的原因时，有超过一半的人认为缺乏资金是他们尚未使用自适应学习的主要原因，见表 2.10。

表 2.10　未选择自适应学习的主要原因

内　　容	数　　量	百分比（%）
缺乏资金	950	45.09
没有必要的技术基础设施	443	21.03
以前试用过软件，但没有帮助	51	2.42
从观念上不接受使用技术或学习软件	39	1.85
其他	624	29.61

尚未使用自适应学习软件的人中，有超过三分之一的人说还有其他原因。潜在用户对自适应学习的看法见表 2.11。了解这些"其他"的答案是有益的。

表 2.11　潜在用户对自适应学习的看法

内　　容	数　　量	百分比(%)
缺乏相关信息或意识	155	35.47
不能给出原因	114	26.09
未准备好	73	16.7
不想要	48	10.98
正在考察	47	10.76

当问询他们的购买意向时,约有 10％的人打算在下学年内购买,超过三分之一的人目前没有计划购买,见表 2.12。

表 2.12　潜在用户对自适应学习的预期

内　　容	数　　量	百分比(%)
没有计划购买	599	35.01
未来 1～2 年内	539	31.50
3 年以上的时间	388	22.68
在下学年内	185	10.81

鉴于一些学校和地区仍然致力于为校园改善网络带宽,这很可能是个别学校的技术状况非常现实的问题。

这些问题还包括教师不适应数字化教学、缺乏专业培训,以及来自基础设施和硬件的限制。

2.4.4　如何根据教学需要选择一款有价值的自适应学习系统

自适应学习如此有价值,可是,学区与学校如何才能知道一款自适应软件是否有效呢?

自适应软件能够提升成绩或者能力水平的决定性证据少之又少,即便是希望推进自适应学习,以获得其益处——如减轻某些课程的压力,以便老师有更多的时间。开展小班授课的学区,在面临如何获取、部署与利用自适应学习系统软件时,在选择或者咨询可靠产品的问题上,也遇到巨大的困难。

1. LEAP"试点网络项目"

总部位于芝加哥的 LEAP Innovations 成立于 2014 年,旨在帮助人们解决如何选择一款有价值的自适应学习系统的问题。这家非营利机构拥有众多教育科技资深人士,其中有些人曾经是教师,因为难以找到好的自适应或其他教育科技产品,更无法将这些产品运用到教学中,因此倍感挫折而转行。该机构在其办公室中构建大规模的"协作空间",教育工作者、学术研究人员与公司代表能够在这里开展工作。

LEAP 运行的"试点网络项目"——该非营利机构招募 20 所学校作为第三期的参与者,旨在对真实课堂中的个性化学习科技和实践试点与评价,目标是将有效果的产品与经验进行分享,并实现规模化。"市面上有很多产品,可是它们背后却没有任何相关研究。" LEAP 的首席学习创新官克里斯·梁·维加拉说道。

为了加入"试点网络项目",公司需要完成一份内容繁多的申请,其中涵盖了各方面的具体信息——从产品设计到 IT 需求,再到现有的有效性研究。学校如要尝试前景较好的产品,也需要证明它们能将产品分配给合适的教研人员,而且具备获得成功所需的合适的理念。教师也需要参加一系列培训,以便为实行个性化学习做好准备。随着学校对新的理念越来越熟悉,LEAP 会向他们介绍可用的产品类型。全部获得认可的产品会受邀参加 5 月的"配对日"(Match Day)活动,而学校会在这项活动中挑选他们想要试用而且有可能开展试点的工具。

最后,学校和 13 家厂商在随后一学年的试点项目上开展了协作。学校有两次退出试点项目的机会,分别是在项目开展到第 9 周与第 18 周的时候——若他们认为产品还远未成熟,能够在这两个时间点退出。

供应商通常能在开展试点的过程中学到许多东西。例如,一部分初创的应用提供商,对于学习智能推荐产品在使用时长方面过于乐观。许多产品都是在非常封闭的环境中开发出来的。

2. 一个有价值的自适应学习产品的特征

大部分教师和用户理解的自适应学习的理想状况应当是,对于正在参与自适应学习的学生,系统可以提供实时持续的自适应。

但是,许多自适应学习产品的用户,确认其使用的系统只有有限的自适应元素,并不是完全自适应学习方案或平台。例如,一些常被关注的自适应学习系统,只包括对学习过程中前端的自适应进行测试或评估。这些系统只是教师根据学生初次使用该程序的反馈数据,给出特定的教学或实践课程,但不会提供持续的自适应方案。或者更多一点的自适应因素是可以进行固定周期性评估,教师或系统基于另一次评估的结果重新设定学生的学习方案。

因此,一些系统宣称它们在一定程度上能辅助个性化和差异化教学,然而,其实只是一些基于初始评测或学习过程中多次评测的学前评测程序。虽然一些自适应学习系统可以生成个性化的学习路径,但是,在根据评测结果确定学生后续学习方案方面,仍然是教师在发挥主要作用。

调查结果显示,实际上只有一小部分用户正在使用的自适应学习系统是基于实时的学习反馈和持续的内容调节进行动态自适应的。

因此,学校和地区想要通过运用自适应学习技术提高学生成绩和教师的生产力,需要仔细考察各种自适应学习系统和解决方案。

这里有一些标准可供参考。

(1) 具备为学生选择最适应的学习内容的能力。

建议一项技能是一件事,但它应该能推荐另一项技能并提供最适宜的内容学习该技能。内容具有吸引力,教育意义强烈,激励学生进步和确保熟练掌握。在具有自适应排序的工具中,只有 30% 的用户被推荐了学生认为最适宜的内容的额外步骤。Knewton 和 Fishtree 等工具实际上研究了内容是如何使用的,不仅研究内容的使用方式及其长期效果,并且只推荐对学生学习最有价值的具体内容。

(2) 动态收集与分析学生学习数据的能力。

持续为教师提供学生成绩数据,以便教师可以根据课程标准跟踪成绩,以此提高教师的效率和生产力。正确回答问题很重要,但解答问题的过程也很重要。一些自适应工具可以持续收集学生学习和使用的数据,动态的创建一个更真实的学生能力图谱。

例如,当学生使用 DreamBox 时,系统能够告诉学生是否使用提示和操纵。

大量学习行为数据对教学的益处之一是,能够比较教育者如何理解学生学习,和学生实际如何学习之间的差距。这些数据还能帮助学生对学习材料进行选择,并且可以带来更精准的内容推荐。

(3) 揭示学生学习能力的能力。

在正确处理收集数据的基础上,对学生学习的知识与掌握的技能有更深入的了解是非常有价值的。引导学生如何形成有效的学习过程,测量对学习重要的其他技能,如动机、创造力、毅力和自我调节。自适应学习工具能够帮助学生改善他们的学习过程。

基于课程中的个性化学习路径,提供持续性的实时教学评估,并为每个学生提供基于他们的能力定制的程序。自适应工具做到这一点的方式是,捕获并分析学生实际学习技能的顺序。例如,DragonBox 探索学生通过软件实际学习数学技能的顺序,与通常用于教师教授数学的常规技能顺序之间的差异。如果存在差异,这有可能就是改善教师教授数学的方式。

第 3 章

研　究

3.1　自适应学习的深度辨析

　　众多教育机构和研究计划制造出了一系列重叠的名词概念,包括"适应性学习""自适应性学习""智适应学习""个性化学习""区别式学习",定义如此杂多,很难在交流层面达成共识。对于"自适应学习"概念的讨论,造成了一种闹哄哄的局面。

　　那么,自适应学习到底是什么呢?

　　事实上,"自适应学习"这一概念最早由美国学者彼得·布鲁希洛夫斯基(Peter Brusilovsky)提出,他认为,自适应学习系统是收集学生在学习过程中与系统交互的数据,创建学习者模型,克服以往教育中体现的"无显著差异"问题。美国教育部教育信息化办公室(U.S. Department of Education, Office of Educational Technology)提出,"可以根据学习者在课程过程中反馈回来的信息,动态地转变内容及内容呈现方式、学习策略等"。这些定义强调自适应学习系统自适应是通过对实时交互数据的收集实现的,并且根据对这些数据的解析提供个性化的服务,自适应是基于对数据的收集和解析的。

　　对自适应学习平台的定义,国内与国外有一定的差异。例如,国内学者徐鹏和王以宁对自适应学习的定义:"针对个体学习过程中的差异而提供适合个体特征的学习支持的学习系统。"[①]黄伯平、赵蔚和余延冬等则从"连通性、内容、文化"三个层面阐述了自适应的定义。

---

　　①　徐鹏,王以宁.国内自适应学习系统的研究现状与反思[J].现代远距离教育,2011,(1):25-27.

自适应学习平台是一种通过解析收集到的学生实时交互数据引导学生学习的学习系统,可在特定的时刻为特定的学生提供特定的知识。

可以看出,国内的定义相对来说较简洁,强调自适应学习系统能为学生提供个性化学习服务,而其实现途径是通过记录学习者学习行为、学习风格、认知水平等与学习者自身背景因素相关的数据,并对其进行综合分析,就此提供相应的个性化服务。

但总体来说,二者都强调计算机系统通过一系列学习分析技术帮助学习者实现个性化学习。自适应学习系统通过技术手段检测学生目前的学习水平和状态,并且就此不断地调节学生的学习过程和学习路径。这里涉及数据科学、教育统计学、学习科学、机器学习等领域的最新技术。

因而,根据这些定义,任何一个自适应学习系统至少有以下三个基本的组成部分。

第一是知识领域模型。首先将学习内容按设计好的知识图谱放到系统里,系统并不知道学生要学习什么,因此须告诉系统学习的内容。

第二是学习者模型。软件系统记录学生的基本状况、学习目标、学习风格、知识状态、学习经历等各种个人信息,并且通过实时测评,不断调整学生在每个知识点的水平。如果无法建立有效的学习者模型,就不能依据学习者的特征实现学习的适应性。

第三是教学模型。软件系统依据学生在每个知识点的能力水平,匹配并且找出最适合学生下一步学习的内容。

其中,最复杂的是学习者模型,也是实现个性化学习的关键。由于每个学生都不一样,学生各种特征在学习过程中会不断发生变化,并对学习效果产生影响,所以要实时检测每个学生在每个知识点的能力水平,这是一个非常复杂的过程。

自适应学习绝不是几个算法与公式"套上"题目测试那么简单,而是人工智能在教学中的应用,其关键之一是知识的吸收、维护、分析和应用。因此,学习者与知识之间的这个交互很难做,背后是海量的学习行为信息。

这也是自适应学习和适应性测评一个根本性的区别。

早在20世纪80年代的一些测评系统中,如美国的G21托福机考系统,其实都具有一定的自适应功能,但这些测评系统只能依据知识领域模型给出一种对所有学生水平统一不变的定位测评。譬如,托福机考系统就是定位学生在语法、词汇方面是处于550、650的水平,还是处于 720 的水平。

自适应学习则不同,它通过测评不断地调整对学习者的定位,并根据学习者做完的每一个题目或每一组题目对应的水平不断地为学生匹配最适合学习的知识。这其实相当于无数个自适应测评的组合,是一个动态测评与调整的过程。传统的自适应测试与人工智能的自适应学习的对比见表 3.1。

表 3.1　传统的自适应测试与人工智能的自适应学习的对比

	传统的自适应测试(基于预定规则)	人工智能的自适应学习(基于机器学习)
介绍	运用一系列"如果 A,那么 B"的规则,程序的复杂度会因采用规则的数量、深度和广度而不同,也会受可选择内容的数量影响	应用高级数学公式及机器学习的方法分析一般学生成功掌握每一门课程内容知识点的概率,并和每个学生在该知识点的能力水平进行对比分析,从而实时为该学生选择最合适的学习内容
优势	以内容为导向,系统的功能有规律可循,更易于理解	充分利用计算机的数据分析能力,为每个学生提供越来越精确的自适应辅导。随着管理大量数据的云计算技术的进步,此类系统的计算能力以及相应的适应能力也随之越来越强
不足	适应学生的能力水平和需求相对受限,学生可能的学习路径是预先确定的,选择范围也相对有限	技术上比较复杂,技术门槛和开发成本高,课程的开发一般需要由内容专家和教学设计专家一起协作完成

其实,若规则能够预先设定,则其必定是有限的,可是各个学习者的学习状态与能力水平却是无穷的。

例如,一元一次方程与一元二次方程,学习者学完一元二次方程之后没有学会,对于 a 学习者,你能够让他跳回一元一次方程,那 b 学习者呢,你是让他跳回一元一次方程,还是求根? 那 c 学习者呢,他或许连以前最基本的方程的移位都没有学会。因此,更高级的系统是要充分利用计算机的运算能力,通过算法实现动态的为学习者匹配下一步该学的内容。

这就像以前我们听说的 IBM 的深蓝可以打败国际象棋大师,却不是说深蓝比国际象棋大师更聪明一样,只是深蓝充分地利用了计算机超强的计算能力强行计算出了所有可能,依据每一步下的棋,计算下一步棋该怎么走。

因而,一些教育科技专家主张,自适应学习的发展应分为 3 个阶段。

自适应测试：以 IRT 模型动态调整题目，能够准确反映被测试者统一的水平，但无法深入到知识点的层面，不能对个体学生的学习起到指导作用。

自适应测量：使用更细致的标签和复杂的算法，找到学生在知识和能力上的薄弱点，但不能做到真正的"解决问题"。

自适应学习：发现问题后，能够依据学习者模型，通过精确的知识推送解决个性化学习的问题。

也可以依据自适应学习系统对学习内容和学习水平的细分进行分类，大体分为粗放式和精细式。

粗放式自适应学习系统其实就是设置一些节点，如学生去上传统培训班时，培训机构给学生进行学前测评，到底是上七年级 A 班，还是 B 班，或者应该回到六年级去上培训。

若做得更精细，能够在每个单元、每个知识点给学生测评，学生若学会了，就能够进入下一步学习；若没有学会，就继续学习。

若我们把这个节点做得更细，规则做得更复杂，譬如学生不仅能够往前跳，而且还能够往回跳，这样，系统能够做得越来越精细，也越来越复杂。

3.1.1 自适应学习和大数据、人工智能的关系

谈到自适应学习时，常常提到大数据和人工智能，它们二者同样要作数据分析，人们有时会把它们混为一谈。该怎么区分人工智能与大数据？它们二者与自适应学习究竟是什么关系呢？

1. 大数据、人工智能与自适应学习的关系

首先，大体上了解一下大数据与人工智能，并弄清二者的关系。

所谓大数据，需要多"大"才算是"大数据"。其实，大数据（big data）是对数据和问题的描述，通常被广泛接受的定义是 3 个 V 上的"大"：数据量（volume），数据速度（velocity），还有数据类别（variety）。大数据是指对应在这三个层面上因为"大"而带来挑战的技术和方案。因此，"大数据"形容的不只是数据的数量，它包含三个特征：数量、维度和完备程度。数据必须具备数量大、多维度和高完备程度三大特征，才能称为大数据；

这意味着需要依据行业所处的规模判断大数据分析的价值,规模越大,价值就越大,若规模较小,则数据分析仅能作参考。

此外,维基百科对大数据有了更具体的说明。大数据是指所涉及的数据量规模巨大到不能通过人工在合理时间内解读和处理的信息。这个量级如今业内普遍认为必须不少于1TB(1TB=1024GB,1GB=1024MB),相当于至少数千万上亿条数据信息。由此可推断,并不是所有的数据分析都适合大数据,若是数据系统刚运行不久,需要谨慎看待数据,由于在数量未达到充分多之前,数据分析可能会将数据分析师或机器引向偏见的误区。

作为机器的人工智能,除了要求数据的数量要充分大以外,数据信息的维度和完备程度对人工智能的学习也非常重要。若是先给机器一个数据:39,它或者不能够从数字中有任何发现,这只不过是一个大于38而小于40的数,除此之外,无法获得更多信息;接着,若再给多一点儿的信息:39度,那么这个数据表示的是角度,或是温度;然后,再添加一个具体信息:39摄氏度,这显然是温度,而且是相对高的温度;最后,再告诉你这是某个人的口腔温度读数,因而这时候,机器才能够知道这个人的体温超过了39摄氏度,说明他生病了。数据信息每多增加一个维度,机器对数据的理解就会发生显著变化。所以,数据维度越多,完备程度越高,传递的信息就越具体,机器才能"把全部点连成线",形成有利于人们理解的数据,并且就此作出有价值的分析。

人工智能和大数据都有类似的技术,如大量的数据、数据挖掘、行业模型等。如何区分它们二者?大数据更多强调的是通过数据分析获得洞察,并通过这些洞察进行预测。另外,传统的大数据分析会运用模型或机器学习的方法,但更多的是靠数据专家主导完成的。人工智能更强调人和机器之间自然的交互,这些维度都不是传统的大数据分析强调的。另外,人工智能目前成长很快的一个领域为深度学习(deep learning),它的学习方法与传统大数据方法不同,更多的是基于通过自学大量数据的方式得到的模型,而不需要很多的人为干预,这从学习方法上来讲和大数据分析有很多不同的地方。

更简明的说法是,大数据的目的是为了找到最好的数据,而人工智能是为了找到最好的算法。大数据是为了找到某一件事最正确的答案,而人工智能是为了找到做这一类事最好的解决方法。大数据在某种意义上是人工智能的基础,没有充分完备的大数据为基础,就难以实现精确有效的人工智能。另一方面,人工智能是大数据在某些方面的拓展与应用,大数据除了人工智能的应用方向,还有实时反馈、预测和商业智能等应用方向。例如,通过挖掘各类学习行为、知识背景数据,找到学习效果和各个因素的关联,加强我们对学习的理解。这种关联和理解能帮助我们预测学习行为,修正教育体系和政策。大数据即使不进入人工智能领域,那些海量数据的学习分析报告也非常有用。

总而言之,人工智能从历史和研究角度来讲,主要目的是为了让机器表现得"更像人"。大数据分析属于人工智能的一个维度。与大数据相比,人工智能的范围更广,技术也更先进。

换句话说,人工智能是为了提供特定技能的服务取代一类人或一些人,例如,无人驾驶的人工智能是为了在某些情况下取代司机为人类服务,自适应学习的人工智能是为了在某些技能或工作上取代教师。

教师有优秀与普通之分,优秀的教师和普通的教师区别在哪里?作为学生,他们都可能遇到过这样的好教师——他们的课堂中,学生从不缺席,不论怎样的学生,只要他们一教,定能提分。这些都会被总结为一个词——经验,有经验的教师就像一个老中医,一把脉便知道学生的弱项,能给出针对性的解决方案。当人工智能遇上教育,我们便在想能否把好教师这个虚幻的"经验",通过算法和数据变成确定的程序和关联,复制下来广泛运用。

实现这一切需要依靠数据和算法。不过,这里的数据虽然很"微小",但由于数据量大、维度多、完备性高,仍然是"大数据"。例如,单个学生学习过程中众多微小的学习反馈数据,这些众多的微小数据在数量、维度和完备程度方面都可能达到"大"的标准。

这些数据能够让我们看清楚每个学生的学习动机、学习过程以及学习效果。并且,通过对这些数据的采集和挖掘,像西医一样,拍个 X 光片,诊断每个学生的问题,从而达到药到病除的效果。

达到这种效果的关键词就是自适应学习,通过收集学生数据,基于知识图谱,用算法匹配到最适合某个学生的学习材料、方法和路径。要做好自适应,首先涉及收集哪些有意义的学生数据以及是否能收集到,其次是对知识图谱的建立以及知识颗粒的切分,最后,也是最重要的,是找到最适合的算法组合匹配业务逻辑。后面这两点都依赖于人工智能技术,尤其是机器学习技术。

自适应学习,第一步是找到采集海量数据的方法。

大数据需要一个量的累计。就眼前来说,采集 K-12 学生的海量数据并非易事,也许需要某种技术上的突破,才能真正采集到大数据。为何不容易采集到学习的大数据呢?第一,学校作业基本还是在纸上完成,并没有被电子化。第二,虽然有很多学习 APP,然而大部分家长不允许孩子们长时间使用移动设备。第三,能够被采集到的考试数据其实只是学生学习中的单点,而不是线。一件事情若不连续,那么数据就是被扭曲的。而要拿到学生数据,也许还需要在智能硬件上的突破。

其实,除了学习数据,对学习有影响的还包含行为数据、性格数据,以及学生的背景信息等。譬如,一个学生是否学得好,除了他的答题和作业,或许还和他的家庭背景有关,甚至与他和辅导员是否经常交流、住在哪间寝室都相关。

从另一个角度来说,有时有了大数据,却用不起来。这就和最开始的设计相关。若是没有目的地收集各类数据,并不能对我们的研究或实践起到任何指导作用。因此,做好学习分析只是第一步,需要基于研究证实的数据分析框架,并且不断试验和迭代,找到最适合的算法让机器系统可以做优秀教师能做的事。

2. ChatGPT 和自适应学习的对比分析

ChatGPT 涌现出与人类相当地语言理解能力和通用问题分析能力,而这可以帮助自适应学习系统理解学习内容,读懂学生行为并且综合分析学生的薄弱环节,完善自适应反馈闭环。因而,可以说 ChatGPT 拥有强大的"自适应"学习能力。

不过,真正的自适应学习包括实现机制和自动化程度两方面,最原始的自适应学习即人类教师实施的因材施教的教学方法,具体手段因人而异,自适应效果不一而齐,难以普及和规模化。

下面以自适应学习智能教学系统的一般架构为框架,对比分析 ChatGPT 和自适应学习。

(1)知识领域模型。

ChatGPT 拥有庞大的知识库,通过对其生成内容的格式进行精细把控,我们可以利用其语言生成能力直接生成所需的学习内容,这会给人一种系统已经具备常识的印象。

然而,它的"知识"主要存储在从语料库中习得的大型神经网络中,在实施准确、可靠的形式化推理时,它可能会显得力不从心,甚至出现知识"幻觉"。

相比之下,自适应学习具备专门的产生式学科知识库以及自身的领域模型,包括领域知识库与推理引擎。当下主流的各大自适应学习平台,都将知识图谱作为其学习内容建模、学习者画像建立的关键技术。

知识图谱是一种信息建模技术,它将信息存储为信息节点(node)以及节点间的联系(link),联系的存在使得信息从一团散点化身为一幅图谱,进化为知识。因此,教育过程中的学习知识被抽象化为学习知识图谱中的联系。

知识图谱需要由具备一定教育、心理与数学学科素养的专业人员来构建,这也是自适应学习开发成本较高的原因。自适应学习的知识库使其能够在特定的小领域内,利用符号运算进行精确推理。

(2) 学习者模型。

ChatGPT 会保存用户输入的提示内容,以会话的形式实现有情境的多轮次对话。因而,可以作为智能辅导系统,根据学生的学习情况和学习风格,提供个性化的学习建议和指导。同时,ChatGPT 也可以作为教学评估工具,对学生的学习成果进行评估和反馈,帮助教师更好地了解学生的学习情况和表现,从而更好地调整教学策略和方案。

但是,大模型本身并不会记录这些数据,下次再进行学习对话时,又是重新开始。因而,需要为 ChatGPT 引入外部数据库并对学生相关数据进行永久存储,不断根据学生的回答和表现,智能地调整学习内容和难度,以更好地适应学生的需求和能力水平。

另外,ChatGPT 本身并没有教学专家为其设定的适应策略,无法根据学生表现来确定适应的程度。ChatGPT 的策略是一个黑盒子,是无法解释且模糊不清的,因而,在适应策略方面也需要进行专门的训练。

自适应学习系统具有复杂的学生模型,能够准确地表征学生在特定知识领域的掌握情况。这种模型可以分析学生的学习行为,例如答题正确率、答题速度等,从而了解学生在哪些方面已经掌握,哪些方面还需要进一步学习。

在自适应学习中,学生模型是关键的一部分。它能够根据学生的表现和进步情况,动态地调整学习内容和难度,以提供最适合学生的学习材料和挑战。学生模型不仅考虑学生当前的表现,还考虑学生过去的表现和学习轨迹,以预测学生未来的学习路径和需要。

通过复杂的学生模型,自适应学习系统能够更好地理解学生的学习需求和困难,并提供个性化的学习体验。这种学习方式可以帮助学生更好地掌握知识和技能,提高学习效果。同时,自适应学习系统还可以通过数据分析和机器学习技术不断优化和改进,以更好地适应学生的学习需求和变化。

ChatGPT,虽然博学多才甚至无所不知,知识领域全面覆盖,却难以做到因材施教。它拥有无尽的智慧,却唯独不知道"材"本身——也就是每个学生自身的特点。或许可以说,它并不在乎这些,因为它早已拥有了所有的知识。

一位能够因材施教的好老师与 ChatGPT 的差异在于,学习者需要知道如何在 ChatGPT 面前提问,写出正确的 Promt,以便获得有针对性的答复。而一位因材施教的好老师在学习者尚未清楚自己的需求时,就能够凭借其专业知识和经验,提供恰到好处的引导和帮助。简单来说,ChatGPT 与因材施教的好老师之间的差距,就在于自适应能力的缺失。

此外,如果我们将 ChatGPT 技术用作虚拟 AI 教师,那么它不应该仅满足于回答问题。相反,它应该能够全面介入学生的学习过程,提出追问、进行分析并给予提示性干预。然而,目前 ChatGPT 的数学计算诊断能力尚不能令人完全满意。

最后需要指出的是,ChatGPT 难以替代教师的指导与激励作用。因为这不仅是关于知识的学习,更是关于人际交往和社会责任的学习。教师的角色在于通过互动和交流激发学生的内在动力和学习兴趣,这是 ChatGPT 难以实现的。

(3) 教学模型。

ChatGPT 确实储存了大量的关于教育学、心理学以及各种教学方法策略的信息,这些信息主要以陈述性知识的形式存在,这使得它能够提供详尽和准确的回应。然而,与自适应学习系统相比,ChatGPT 在"执行"这些知识并将其应用于实际教学方面稍显不足。

根本问题在于,尽管 ChatGPT 拥有大量的知识储备,但它并不能真正"理解"这些概念的含义并加以应用。它无法通过深入的对话来使自己"理解"这些概念,这使得它在处理一些更抽象和复杂的教学问题时,表现得力不从心。许多教学问题的抽象程度已经超出了 ChatGPT 的理解能力,这使得它的效果出现了震荡。

要解决这个问题,不仅要指出问题的根源,还需要采取专门的训练和优化措施。例如,可以通过增加 ChatGPT 对特定领域知识的训练,以提高其对教学问题的理解能力;也可以通过引入更多的教师反馈和评价,以帮助 ChatGPT 更好地理解和应用教学策略。通过这些措施,我们可以提高 ChatGPT 在教育领域的实用性和效果。

自适应学习是一种先进的学习系统,它依赖专门的教学模型作为其理论基础,其中最基础的就是 ACT-R 理论。ACT-R 理论是一种强大的学习模型,能够根据学生的个体差异和需求,动态地调整学习内容和难度,以最大限度地提高学习效果。相比之下,ChatGPT 给出的教学设计优化建议,其质量远远低于一些自适应学习系统的反馈。这表明 ChatGPT 在这方面的能力是相对较弱的,因为它并没有接受过教学方面专门的训练和优化。

ChatGPT 是一个基于深度学习的自然语言处理模型,虽然它能够进行一定程度的对话和问答,但在处理教学问题方面还存在很大的局限性。自适应学习系统则不同,它们经过专门的训练和优化,能够根据学生的学习情况和需求,提供更加精准和个性化的学习建议和资源。因此,与自适应学习系统相比,ChatGPT 在处理教学问题方面还存在很大的差距。

自适应学习系统在处理教学问题方面具有更高的准确性和个性化程度,而 ChatGPT 在这方面的能力还有待提高。因此,在教学设计优化方面,自适应学习系统具有更高的参考价值。

ChatGPT 在学科学习任务的问题解决和方案设计方面,需要“教师的大脑”给予引导,以实现在具体问题层面的良好支撑以及在大问题的解决方案支撑和补充上发挥重要作用。ChatGPT 能够为教师提供非常好的启发,帮助教师在大脑中迅速构建一个真实的课程体系搭建面貌。同时,ChatGPT 能够根据不同类型的教学情境,如生活、虚拟、跨学科等,分别给出一些教学设计中可供参考的“信息”。与实体教师团队相比,ChatGPT 具有不知疲倦的优点,表现也更为出色。

如果将 ChatGPT 与人类教师的大脑相结合,再有一个实体的课程研发团队,这样的组合将远超任何一个人类的课程设计团队组合。ChatGPT 完全具备作为教师助手的能力,虽然这种能力的开发需要在应用层面进一步的思考和搭建系统,以使其对教师更为友好,但毫无疑问,ChatGPT 具备这样的能力。

(4) 自适应引擎。

ChatGPT 在自然语言对话能力方面展现出了卓越的性能,这是以往智能教学系统所无法比拟的。它能够进行流畅、自然的语言交互,为使用者提供更加真实的辅导体验。因此,如果 ChatGPT 在对话辅导性能上超越了自适应学习系统,这并不出人意料。

然而,对于相对抽象、复杂的问题和任务,ChatGPT 的回答和理解尚未达到令人满意的程度。在面对这类问题时,它可能会出现理解不足、回答不准确的情况。同时,它的回答也并非完美无误,有时可能会存在一些语法错误或逻辑不严密的地方。

因而,ChatGPT 在交互方式上仍有一定的局限性,它尚无法模拟出一些特定技能解决问题的学习环境,例如,自适应学习系统能够进行的解方程流程。除了写作、编程等可以通过自然语言实现的技能训练之外,其他领域的技能训练可能会受到一定的限制。

不过,对于相对具体的问题或需要教师思考的问题,ChatGPT 还是可以辅助快速提供较高质量的信息。因此,ChatGPT 仍然具有很大的发展潜力。随着技术的不断进步和优化,相信它将来会在辅导性能上实现更大的突破。所以,对于需要自然语言对话辅导的用户来说,ChatGPT 仍然是一个值得考虑的选择。

3. 总结

根据前面的分析,ChatGPT 要想实现更为广泛的领域的教学,需要修改或补足领域模型、学生模型、交互模型等,但其大模型为对话、领域知识打下了很好的基础,是非常有发展前景的智能教学系统的基础功能模块。

我们可以看到,在教学行为(活动、任务)层面,ChatGPT 可以进行对话辅导、技能训练、讲授演示、协同创作、交互评价等活动。然而,它缺乏课时、单元、课程等上层结构,并且其基础行为"动作"也面临着可信性和准确性不高的挑战。

因此,即使 ChatGPT 已经表现出接近人类的自然语言理解与生成能力,它仍然难以满足教学辅导对精准、正确表达的需求。要真正落实到教学应用中,仍需要补充大量的知识,才能从教学行为层面扩展到课时、单元、课程层面。虽然由于神经网络模型的"黑箱"性质,ChatGPT 要整合人类某个领域的知识并非易事。不过,ChatGPT 所拥有的强大语言和推理能力,为计算机"教"学生提供了广阔的想象空间。

真正达到通用人工智能级别水平的自适应学习系统,可以做到拿到任何一道学科题目时,通过 NLP 审题为数学关系,然后用多种策略得到正确答案,并且在看到别人的答案时,判断答案是否正确。

一个简单粗暴的想法是,像 LLM 一样大力出奇迹,试图略过推理引擎,直接拿着几百万道题目做 Char-RNN(字符级循环神经网络),实现题目序列与解析序列的映射,但很显然这个想法是不可行的。可以认为答案就是如同程序代码一样的,是具有其内在逻辑的,然而目前 Char-RNN 根本没有能力生成任何有真实意义的代码,最多只能生成一些格式上看起来正确,但是没有任何含义的代码。

这件事情如果要做成,必须死磕推理逻辑。这个其实会像 AlphaGo 一样,除了一个深度学习的价值和策略网络以外,也需要一个通晓逻辑的知识图谱,在数学运算这种场景下,一样也是需要"阅读理解"和"推理逻辑"两个部分。毕竟一道题目里,学生可能会出现的错误类型实在是太多了。

例如,一对一几何课。全国每个学生配备一个最厉害的 AI 老师,他能够有针对性地解决你的学习问题,你做题并不需要在计算机上,依然是用笔和纸,但是它会随时提示你,学习的过程由过去的很长时间才有反馈,变成了像游戏一样,很快就有反馈并得到进步。对比当下的扫题软件,学生哪里不会就去哪里抄答案。而自适应学习系统则是,哪里卡住了,算错了,哪里就小小地提醒一下。这种教学方法才能真正帮助学生成长和前进。

3.1.2 自适应学习与个性化学习、深度学习的区别

每个关注教育发展动态的教育工作者,可能多少都会听到一些新概念,如深度学习(deep learning)、个性化学习(personalized learning)、自适应学习(adaptive learning)。但是,看到"学习"二字,请务必先冷静下来,虽然它们都有"学习"二字,但是其实并非同类,甚至相去甚远。

首先,对个性化学习和自适应学习两个概念进行区分。教育技术界提到自适应学习

时,常常也会用到另外一个概念——个性化学习。有些人甚至把它们当成一回事,但是,其实它们并不相同。美国国家教育技术 2017 规划对个性化学习定义如下:个性化学习是根据每个学生的需求,调整各个学生的学习进度和方法的一种教学模式。学习的目标、教学方法和教学材料(及其序列)都能够根据学生的需求而变化。

个性化学习是指以反映学生个性差异为基础,以促进学生个性发展为目标的学习范式。个性化学习是通过对特定学生的全方位评估,发现和解决学生存在的学习问题,为学生量身定制不同于他人的学习策略和学习方法,让学生更为有效地学习。每个学生都是与众不同的,有自己独特的天赋特性、偏好和优势,也有不同于别人的弱点。解决学生的学习问题,应当用个性化的方法去适应其在学习上的要求。因而,这种学习活动对于每个学生而言都是有意义的,因为学习常常由学生自发的兴趣驱动。

其实,用一个很常见的成语就能够把"个性化学习"做的事说明白:因材施教。伟大的教育家孔子早在 2000 年前就让许多人明白,因材施教是一名优秀教师需要学会的技能。而自适应学习则是以人工智能学习、模仿这名教师或全世界所有优秀教师的技能,希望通过计算机模拟这样一名优秀教师可以做到的事情,并且无限复制,让每个学生都能有一名优秀的私人教师对其进行个性化的教育。

自适应学习正是受到这种理念的影响,试图改变如今正广泛应用于传统教育中的非个性化学习方法无法实现更高质量教学的现状,自适应学习系统努力将学生从信息的被动接受者转变为教育过程的协作者。自适应学习系统主要应用于学历教育,另外就是应用于技能培训。

自适应学习是一种以计算机作为交互式教学设备的教育方法,计算机结合学生的独特需求和反馈,为其量身打造学习计划,而且根据每个学生的独特需求来协调人力和调节资源的分配。计算机根据学生对问题、任务和经验的反馈所反映的需求调整教学材料。该技术涉及计算机科学、教育学、心理学和脑科学等研究领域。

自适应学习系统已被设计为 PC 程序、Web 程序,得以在几种教育体系中加以应用,例如,自适应多媒体、智能辅导系统、计算机化适应性测试和计算机助教。

因而,自适应学习和个性化学习相近而又不同。个性化学习是一个描述一系列诸如能力本位学习、差异化教学、教学模式等方法和模型的涵盖性术语。个性化学习实现的途径多种多样,可以是教师或者学生本人根据自身的需求选择适合的学习资料和策略,也可以在对学习环境分析后自动为学生选择。但它对技术的应用不是最重要的,甚至不是必需的。而自适应学习则是一种实现学生个性化学习的具体方法,更多的是数据导向型的,根据实时收集到的数据分析学生的能力水平,并且以此推荐此时此刻最适合的学习材料(包含材料类型,如视频、文字等)和策略。真正要实现对每一个学生的个性化教学,必须借助自适应学习完成。

深度学习概念则是源于人工神经网络的研究,是机器学习研究中的一个新领域,其动机在于建立、模拟人脑进行分析学习的神经网络,它模仿人脑的机制解释数据,如图像、声音和文本。

追溯深度学习如何成为教育圈的热门词汇,要回到 2014 年 5 月:Coursera 的联合创始人吴恩达(Andrew Ng)加入百度担任首席科学家,并且负责百度研究院的领导工作。因为吴恩达本人拥有“机器学习和人工智能领域国际最权威学者之一”的神秘光环,深度学习又作为这个领域的重点研究之一,配以 Coursera 的标签,教育圈借用计算机行业的这个名词迅速迎来一股“深度学习”的科技风,然而,此深度学习非彼“深度学习”。

那么,深度学习为何重要?

第一,它模拟了大脑的结构和行为,在连接人和服务的通路上扮演非常好的角色,成为人工智能的“新大脑”。

第二,深度学习特别适合大数据。因为模型和计算的原因,它的数据规模不断增加,效果不断变好,因此它需要一个很宽的管道,才能够同时进出更多的数据信息。

第三,深度学习提供了一种非常灵活的建模语言。许多人认为深度学习是一个黑箱体系,可是它实质上是提供了一个框架,就像一种语言,而且它带来的语言框架在不同的模型里面都能够针对性地解决问题。机器学习也是这样,不只是要懂数学,还要学会使用这个工具。

第四,图像和语言的联合处理。由于我们每时每刻都是将语音和图像同时处理的,譬如,我们看到一个图像,不只是描述有什么物体,还要描述发生的故事。可是现今,用深度学习的程序就会自动生成,它能够像人一样生成自然语言,并且能够描述图像发生的故事。譬如,一个基于 CNN 的深度神经网络,中间会有一个中间层,上面是基于语言的深层模型,那么它便能够从现有的 Word 中生成下一个 Word。

可以说,深度学习是目前人工智能的核心技术,正是深度学习极大地推动了人工智能的发展。

那么,深度学习与自适应学习、个性化学习的关系也就很明确了。

正如前面讨论的自适应学习与人工智能、大数据的关系,大数据是人工智能的基础,自适应学习是人工智能在教育领域的核心应用,而深度学习是目前人工智能的核心技术。由此可见,深度学习与自适应学习的关系非同一般。个性化学习与深度学习则没什么关系,不可同类而语。

目前可以看到深度学习在整个智能感知教育的应用方面非常成功。例如,在各种学习中,与语音识别技术关联最强的是怎么用智能感知技术帮助学生学习英语,培养汉语普通话及帮外国人学习语言。譬如,练习口语的学生把一些语音上传到系统后,软件就把这个语音与所说的内容对照起来,提取正确发音的一些特征,分析这个学生的发音有没有偏差,或是说口语是否十分流利,系统就能够分辨口语的质量。

深度学习未来更重要的应用方向是人工智能的认知领域。还是以学生口语练习为例,人工智能不仅知道学生每个单词发音是否正确,而且智能认知还能把说话的内容对齐起来,分析这个句子是否有语法错误,或是说全句组织是否通顺,还能够分辨学生朗读的质量,并指导学生进行正确的朗读。

深度学习的智能认知正是进行自适应学习的前提。通过深度学习的智能认知让自适应学习系统能够了解到每个学习者不同的学习状态、学习可能与学习需求,使自适应学习成为可能。

3.1.3　自适应学习系统与计算机辅助教学、智能教学系统的辨析

在自适应学习系统(adaptive learning system,ALS)出现前,计算机辅助教学(computer aided instruction,CAI)、智能教学系统(intelligent tutoring system,ITS)等概念与系统早已流行,但一些教育工作者和教育技术工作者在实际运用中常发生概念混淆,不清楚它们之间的差别和关系。

维基百科这样介绍 CAI:计算机辅助教学是在计算机辅助下进行的各类教学活动,

以对话方式与学生讨论教学材料、安排教学进程、进行教学训练的方法与技术。计算机辅助教学是指用计算机帮助或者取代教师执行部分教学任务,向学生传授知识和提供技能训练的教学方式。

智能教学系统是教育技术学中重要的研究领域,没有人类导师指导的状况下,它借助人工智能科技在帮助学生获取知识和技能方面起着重要的作用。自 20 世纪 70 年代以来,很多国家和地区都非常重视智能教学系统的研究、开发和应用。ITS 的核心是:系统会随时收集学生的行为与评测结果,通过动态地调整,提供给学生最适当的材料、反馈、提示、练习或者测验题目,以提升学生学习成效、动机,节省时间,并且保持学生在最佳的挑战范围内。

自适应学习是一种运用计算机作为互动教学设备,而且根据各个学生的独特需求,对人力和媒体化资源的分配进行安排的教育方法。计算机通过学生对题目、任务和经验的反馈获知其学习需求,并且据此推送教材。这项科技包含了源自计算机科学、教育学、心理学及脑科学等研究领域的很多方面。

自适应学习系统是指根据学习材料和学习方式的不同,能够将人的学习分为 3 种不同的类型,它们是机械的学习、示教的学习及自适应的学习。在学习过程中提供适应的学习环境、实例或场域,通过学生自身在学习中的发现总结,最终形成理论和能自主解决问题的学习方式。

从这 3 个定义中,我们可以看出,计算机辅助教学涉及的范围最广,只要是有计算机参与教学的活动,都可以算作是 CAI。而 ALS 次之,不仅可以包括 ITS 的一些功能,而且可以包括 ITS 没有的一些功能,如智能测评、智能教育管理等。

3.2 自适应学习的理论研究

教育实践者进入这个实践共同体之后,或多或少都会受到各种理论不同程度的影响,并且持有清晰或模糊的不同倾向的观念。

影响人类学习最重要的因素究竟是什么? 对于这个问题,不同的学习理论给出了不同的回答。它们从不同的视角看待学习,关注的重点也不同,有些单方面强调学习的结果,有些研究影响学习过程的方法,还有些关注学习发生的环境。实际上,学习太过复杂,与人类生活的方方面面息息相关。人们在朗读中学习,在测试中学习,在交流中学习……甚至在学习中学习。

因而,在教育与学习领域显然没有哪种教学方法能够在任何条件下都有效或者无效。最多能够说,一些方法能够在特定条件下帮助学生实现特定的学习效果。由于学习这个系统太复杂,我们无法泛泛地说某种因素在任何状况下都优于其他因素。

自适应学习作为一种具有重大意义的以智能学习为主导的多学科综合性探索工具,也有必要引入和借鉴各种学习理论成果展开研究。关于自适应学习的理论研究,国外介入该领域较早,并且相继取得了较丰富的成果。最早由布鲁希洛夫斯基首次提出"自适应学习"的概念,之后,不少学者从理论的高度对自适应学习展开了研究。

本节从对自适应学习研究的不同理论开始,介绍其不同的理论研究方向。

3.2.1　心理学

1. 完形心理学

完形心理学(Gestalt psychology)又音译为格式塔心理学,是西方现代心理学的主要学派之一,诞生于德国,后来在美国得到进一步发展。该学派的创始人是韦特海默,代表人物还有柯勒和考夫卡。该学派既反对美国构造主义心理学的元素主义,也反对行为主义心理学的刺激——反应公式,主张研究直接经验(即意识)和行为,强调经验和行为的整体性,认为整体不等于并且大于部分之和,主张以整体的动力结构观研究心理现象。

格式塔心理学的产生除了受特定的社会历史条件影响外,还受其哲学背景影响。首先就是康德的哲学思想。康德认为客观世界可以分为"现象"和"物自体"两个世界,人类只能认识现象,而不能认识物自体,而对现象的认识则必须借助人的先验范畴。格式塔心理学接受了这种先验论思想的观点,只不过它把先验范畴改造成了"经验的原始组织",这种经验的原始组织决定着我们怎样知觉外部世界。康德认为,人的经验是一种整体现象,不能分解为简单的元素,心理对材料的知觉是赋予材料一定形式的基础,并以组织的方式进行。康德的这一思想成为格式塔心理学的核心思想源泉及理论构建和发展的主要依据。

格式塔心理学的另一个哲学思想基础是胡塞尔的现象学。胡塞尔认为,现象学的方法就是观察者必须摆脱一切预先的假设,对观察到的内容作如实描述,从而使观察对象的本质得以展现。现象学的这一认识过程必须借助人的直觉,所以现象学坚持只有人的直觉,才能掌握对象的本质,并提出了具体的操作步骤。这对格式塔心理学的研究方法提供了具体指导。

格式塔心理学把直接经验作为自己的研究对象,这种直接经验是一种自然现象,只能通过观察发现,因此格式塔心理学强调运用自然观察法。但由于直接经验中也包括一种类似意识的东西,而对这一部分的研究必须依赖于主体的内省,但是内省不能用作分析,只能用来观察。不管是观察,还是内省,格式塔心理学都要求从整体上把握。

格式塔心理学以直接经验(或称现象经验)和显明行为作为研究对象,因此该流派在具体研究中除了使用整体观察法,还运用实验法。格式塔心理学运用的实验法主要是实验现象学方法。

(1) 主要理论观点。

1) 同型论。

同型论(或同机论)(isomorphism)指一切经验现象中共同存在的“完形”特性,在物理、生理与心理现象之间具有对应的关系,所以三者彼此是同型的。这是格式塔心理学家提出的一种关于心物和心身关系的理论。格式塔心理学家认为,心理现象是完整的格式塔,是完形,不能被拆分为元素;自然而然地经验得到的现象都自成一个完形,完形是一个通体相关的有组织的结构,并且本身含有意义,可以不受以前经验的影响。格式塔心理学家认为,物理现象和生理现象也有完形的性质。正因为心理现象、物理现象和生理现象都具有同样的完形性质,因而它们是同型的。格式塔心理学家认为,不论是人的空间知觉,还是时间知觉,都和大脑皮层内的同样过程对等。这种解决心物关系和心身关系的理论就是同型论。

2) 完形组织法则。

完形组织法则(Gestalt laws of organization)是格式塔学派提出的一系列有实验佐证的知觉组织法则,它阐明了知觉主体是按什么样的形式把经验材料组织成有意义的整体的。在格式塔心理学家看来,真实的自然知觉经验正是组织的动力整体,感觉元素的拼合体则是人为的堆砌。因为整体不是部分的简单总和或相加,整体不是由部分决定的,而整体的各个部分则是由这个整体的内部结构和性质决定的,所以完形组织法则意味着人们在知觉时总会按照一定的形式把经验材料组织成有意义的整体。

格式塔心理学家认为主要有 5 种完形法则:图形—背景法则、接近法则、相似法则、闭合法则和连续法则。这些法则既适用于空间,也适用于时间,既适用于知觉,也适用于其他心理现象。其中,许多法则不仅适用于人类,也适用于动物。在格式塔心理学家看来,完形趋向就是趋向于良好、完善,或完形是组织完形的一条总法则,其他法则则是这一总法则的不同表现形式。

(2)学习理论。

以组织完形法则为基础的学习论是格式塔心理学的重要组成部分之一,由顿悟学习、学习迁移和创造性思维构成。

1)顿悟学习。

顿悟学习(insightful learning)是格式塔心理学家描述的一种学习模式。所谓顿悟学习,就是通过重新组织知觉环境并突然领悟其中的关系而发生的学习。也就是说,学习和解决问题主要不是经验和尝试错误的作用,而在于顿悟。

2)学习迁移。

学习迁移(learning transfer)是指一种学习对另一种学习的影响,也就是将学得的经验有变化地运用于另一情境。对于产生学习迁移的原因,桑代克认为是两种学习材料中的共同成分作用于相同的神经通路的结果,而格式塔心理学家则认为是由于相似的功能所致,也就是由于对整个情境中各部分的关系或目的与手段之间的关系的领悟。例如,在笼中没有竹竿时,猩猩也能用铁丝和稻草代替竹竿取香蕉,这就是相似功能的迁移。

3)创造性思维。

创造性思维(productive thinking)是格式塔心理学颇有贡献的一个领域。韦特海默认为创造性思维就是打破旧的完形,形成新的完形。在他看来,对情境、目的和解决问题的途径等方面相互关系的新的理解是创造性地解决问题的根本要素,而过去的经验也只有在一个有组织的知识整体中才能获得意义,并得到有效使用。因此,创造性思维都是遵循着旧的完形被打破,新的完形被构建的基本过程进行的。

因此,持有这一范式的研究者认为感知和思维过程是重新组织的过程,或者是把问题情境的某一方面与其他方面相联系的过程,并且这一过程导致了结构性的理解。在这个过程中,重要的是为学生提供解决问题的线索,帮助他打破组织情境的常规方式或者定势。他们较为强调从整体上思考问题的重要性,并且区分了生产性思维(对情境和环境的交互的无计划反应,它带来了洞见和理解)和再生性思维(通过先前的经验和已有的知识解决问题),其中生产性思维被认为是最重要的教育目标。

基于格式塔心理学范式,教学应当阐释清晰的结构以及结构化的不同程度;为下一步的学习进程提供线索;规划学习进程;阐释教学过程中必需的要素;指出学习过程中的差距;解释明智的、生产性的处理特定任务的方式。

2. 行为主义

行为主义(behavioral psychology)形成于 20 世纪初期,20 世纪 50 年代和 60 年代盛行于美国和其他西方国家,行为主义的主要观点是,心理学不应该研究意识,只应该研究行为,把行为与意识完全对立起来。在研究方法上,行为主义主张采用客观的实验方法,而不使用内省法。

主要观点可以概括为:心理学是一门自然科学,是研究人的活动和行为的一门学科,要求心理学必须放弃与意识的一切关系。就此,行为主义提出两点要求:第一,心理学与其他自然科学的差异只是一些分工上的差异;第二,必须放弃心理学中那些不能被科学普遍术语加以说明的概念,如意识、心理状态、心理、意志、意象等。

要求用行为主义的客观法反对和代替内省法,认为客观方法有 4 种:第一,不借助仪器的自然观察法和借助仪器的实验观察法;第二,口头报告法;第三,条件反射法;第四,测验法。斯金纳则属于新行为主义心理学,他只研究可观察的行为,试图在刺激与反应之间建立函数关系,认为刺激与反应之间的事件不是客观的东西,应予以排斥。斯金纳认为,可以在不放弃行为主义立场的前提下说明意识问题。

主要思想:"观察学习"又称为无尝试学习或替代性学习。由于人有通过语言和非语言形式获得信息以及自我调节的能力,使得个体通过观察他人(榜样)表现的行为及其结果就能学到复杂的行为反应,而不必事事亲身体验。

行为主义的特点是:学习不一定具有外显的行为反应;学习并不依赖直接强化;学习具有认知性;学习不等同于模仿。

著名行为主义心理学家班图拉主张行为、环境、个人内在诸因素三者之间相互影响、交互决定,构成一种三角互动关系。他认为个人的成就是外界环境与人的因素交互作用的结果。

评价交互决定论的独到之处在于把人的行为与认知因素区别开,指出认知因素在决定行为中的作用,在行为主义的框架内确立了认知的地位。此外,这种观点视环境、行为、人的认知因素为相互决定的因素,注意到了人的行为及其认知因素对环境的影响,避免了行为主义的机械环境论的倾向。

注重社会因素的影响,改变了传统学习理论重个体、轻社会的思想倾向,把学习心理学的研究同社会心理学的研究结合在一起,对学习理论的发展作出了独树一帜的贡献。

吸收认知心理学的研究成果,把强化理论与信息加工理论有机地结合起来,改变了传统行为主义重“刺激—反应”、轻中枢过程的思想倾向,使解释人类行为的理论参照点发生了一次重要的转变。

强调学习过程中的社会因素和认知过程在学习中的作用,在方法论上注重以人为被试者的实验,改变了行为主义以动物为实验对象,把由动物实验中得出的结论推广到人类学习现象的错误倾向。

评价交互决定论的概念和理论建立在丰富坚实的实验验证资料的基础上,其实验方法比较严谨,结论也比较有说服力。

行为主义认为行为是可塑的,教育能够培育卓越。这种观念使得学习成为心理学的核心关注点之一。根据行为主义的主张,各种不同水平上的学习,无论是猴子学会操作杠杆获得糖果,还是小学生学会减法,都依据一系列基本的法则;其中最主要的两条规则是经典条件反射和操作性条件反射——在前者中,条件反射是由外部刺激自动引发的,在后者中,行为是学生主动操作的。行为主义者对什么是影响学习的最重要因素这一问题的回答很简单,就是“强化”。

换句话说,行为主义者认为孩子是一块白板,通过强化和轻度的惩罚能够塑造学习。

另外,程序化学习是建立在行为主义的主张之上的,它由小步骤学习构成,学生通过自定步调的方式一步步完成学习,每一步都包含一段信息和一个问题,以及学生能够从中获得的反馈——强化或者惩罚。

3. 发展心理学

发展心理学(developmental psychology)有广义和狭义之分:广义而言,心理发展包含心理的种系发展、心理的种族发展和个体心理发展;狭义而言,心理发展仅指个体心理发展。个体心理发展的研究对象是人生全过程各年龄阶段的心理发展特点,这些年龄阶段包含婴儿期、幼儿期、儿童期、少年期、青年期、中年期、老年期等。

发展心理学的研究者中最有影响力的科学家是皮亚杰。他是最早研究认知发展的,重点关注的是儿童如何学会理解世界,以及他们的认知能力是如何在童年时期得到拓展的。皮亚杰学派的研究者强调依据儿童的发展水平开展积极的发现学习。他们认为影响学习最重要的因素是:"学习者是否了解自己所处的认知发展阶段。"

发展心理学的研究对象是描述心理发展现象,揭示心理发展规律。发展心理学的主要内容包括:一生全过程心理发展年龄阶段特征;阐明各种心理机能的发展进程和特征;探讨心理发展的内在机制;研究心理发展的基本理论。

发展心理学研究的特殊性在于专门研究个体心理和行为如何随年龄增长而变化,以及心理发展的过程性和动态性。

发展心理学家在研究儿童品德发展、人格发展、亲子关系、同伴关系、早期气质、家庭相互作用、课堂中师生互动等问题时,都十分注意在现实的情景、条件下控制和观察儿童的心理活动,测定和记录其整个心理过程,并取得了巨大的成果。

发展心理学的研究对象是个体的心理发展,后者涉及的问题是纷繁复杂的,常常不是发展心理学一门学科能承担和解决的。因此,从多学科的角度研究个体心理发展和探讨发展中的各种现象,解决发展中的各种问题,已成为一种新的趋势,引起越来越多的发展心理学研究者们的重视。这种跨学科的方式有如下两种不同协作方式。

一是发展心理学研究与心理学领域内其他有关分支学科的协作。随着发展心理学研究的深入,发展心理学研究者们越来越清楚地认识到,儿童心理发展的维度是多方面的,影响因素各种各样,只从本学科的角度是不可能完全准确地解释和预测个体心理发展的,必须同时运用心理学各分支的理论、知识和方法开展研究。二是发展心理学研究与心理学领域以外各有关学科的协作。发展心理学研究涉及许多课题,除需与心理学内各分支学科加强协作外,通常需要与心理学领域以外的学科加强合作研究。

随着发展心理学研究的深入和理论的发展,研究者们越来越重视不同社会文化背景对个体心理发展的影响,从而寻求不同社会文化背景中不同年龄的个体行为表现或心理发展的类似性和差异性,即探讨哪些心理发展规律在特定的文化背景中存在,哪些心理发展规律在各种文化背景下普遍地、一致地起作用。在发展心理学领域开展的跨文化课题很多。有关人类个体发展的跨文化研究极大地丰富了发展心理学的研究成果,对于解释人类心理、行为的起源及其发展过程,弄清影响个体心理发展的各种因素及其重要程度,探讨个体心理发展的规律及其适用范围,建立发展心理学理论等都具有重要意义。

发展心理学研究在方法上出现的综合化趋势主要表现在以下几方面。

第一,强调采用多种方法研究、探讨某一心理发展现象。研究表明,综合采用谈话、观察、实验等方法,可以对不同方法所得的结果进行比较和验证,提高研究结果的可靠性。例如,在研究早期爬行经验对婴儿认知、情绪和社会性发展的影响时,研究者们就综合运用了自然观察、父母访谈、问卷调查、实验室试验等方法。

第二,强调和大量采用多变量设计。过去,研究者较多采用单变量设计,因而难以揭示个体心理发展各维度之间的复杂关系。随着统计方法和手段的进步,近十多年来,越来越多的研究开始采用多变量设计,以揭示个体心理发展各方面的相互联系和影响个体心理发展的各种因素及其相互作用。

第三,强调采用综合设计方式。如前所述,在个体心理发展的研究中,纵向研究设计和横向研究设计是两种最常用、最基本的设计类型,二者各有其优缺点,若像传统研究那样独立运用其中之一,都存在不少局限性。因此,在发展研究中,研究者通常将二者交叠在一起构成聚合式交叉设计。

第四,注重将定性和定量研究方法结合起来。发展心理学研究者在继续重视定量研究方法的同时,开始注重运用各种定性方法(如参与观察法、口头报告法)。这样既加深了对个体心理发展的过程、不同年龄被试心理活动特点与性质的认识，同时又获得了较为全面、客观的数据、资料，挖掘出了数据、资料的深层含义。

对研究结果进行多元分析的特点与多变量研究设计的特点密切关联。多元分析的方法很多，如变异数分析、多元回归分析、主成分分析、判别分析、聚类分析和正交试验等，研究中应根据需要进行选用。虽然这些方法对于揭示变量间的内在联系具有重要作用，并早已被提出，但过去由于科学技术发展水平所限，多元分析需要的复杂的计算还不能由计算机执行，这种计算又不是人力能完成的，因此，多元分析在发展心理学研究中的应用受到了很大限制。

发展心理学的研究手段和技术随着科学技术的迅速发展也日益现代化。在发展研究中，录音、录像、摄像、照相设备以及各种专门研究工具、手段都得到大量应用。此外，电子计算机的广泛应用更为发展心理学的科学研究开辟了新的、广阔的道路。研究手段、工具的现代化大大提高了发展心理学研究的精度和科学水平，有利于对被试活动、行为、言语等的观察、记录，以及事后进行深入细致的分析，同时也促进了研究过程的自动化。

今天，计算机统计分析已成为发展心理学结果分析的重要手段。随着统计软件包的开发和运用，采集、整理、储存和统计分析研究数据的准确性和速度都大大提高，使计算机统计分析在发展心理学中的应用出现了新的前景。

作为当今科学研究中必不可少的强有力工具，计算机已被应用于发展心理学研究的各个领域，在数据处理、实验控制、心理过程模拟等方面发挥着重要作用，极大地促进了发展心理学科学研究水平。

计算机在发展心理学研究中的应用功能主要有以下三方面。

第一，对研究过程进行控制。具体来说，它被用来呈现刺激、控制其他仪器、对被试的反应进行自动记录。在早期心理能力水平和发展的研究中，研究者们常采用习惯化、去习惯化、视觉偏爱等研究范式。将计算机与其他研究仪器联机作业，由计算机控制、操作有关仪器的启动、运行方式和停止，就可达到研究过程的自动化、精确化。在一项儿童图形分辨的研究中，刺激图形由一段录像产生，反应由眼动仪记录，二者的启动、运行时间长短和停止均由计算机统一控制。

第二,处理、分析研究数据。用计算机处理、分析研究数据,是计算机在发展心理学研究中应用最广泛的一个方面。用计算机采集、整理、储存和分析数据具有许多优点,它可按要求对数据进行自动分类储存,能可靠地、完好无损地储存数据,以备后用,可提高运算结果的准确性和速度,适用于对大样本的研究数据进行处理,这是过去人力所不及的。它具有对研究结果进行复杂的各种多元统计分析的能力,也是心理学研究者过去无能为力的。应用计算机处理分析研究数据时,除了可以自编程序外,还可使用一些专用统计软件包。

第三,模拟心理过程。随着人工智能和认知心理学的发展,研究者们认识到计算机可以进行智能模拟,即让计算机模拟人在解决问题时的思维过程。例如,用计算机模拟儿童在接受心理测量中的反应等。

计算机已在儿童认知发展、语言发展、学习能力发展、儿童心理测验、儿童心理咨询与治疗等领域得到广泛应用。它具有能精确地产生和呈现刺激、准确方便地记录被试者的反应、有效地控制实验过程、减少主试对被试的影响、节省大量的时间和人力、使实验和测验的条件更加标准化等许多优点。当然,计算机在发展心理学研究中的应用还存在一些不足和局限性。例如,学习计算机语言、编制计算机程序都需要花费一定的时间和精力,在心理实验和测验中应用计算机,使主试失去了直接观察被试的机会,计算机控制实验缺乏灵活性,计算机的应用范围是有限的,等等。认识它们对我们更好地做好研究工作、在研究中正确地应用计算机并克服其不足是十分必要的。

因此,在认知发展心理学家看来,教育一定要遵循儿童发展的基本规律,并且,由此发展出一大批基于儿童发展心理有效的教育研究方法。

4. 文化—历史发展理论

文化—历史发展理论是由心理学家维果茨基提出来的。维果茨基从种系和个体发展的角度分析了心理发展实质,提出了文化—历史发展理论来说明人的高级心理机能的社会历史发生问题。

维果茨基首先区分了两种心理机能:一种是作为动物进化结果的低级心理机能。低级心理机能是个体作为动物而产生的进化结果,是个体早期以直接的方式与外界相互作用时表现出来的特征,如基本的知觉加工和自动化过程。另一种是高级心理机能。高级心理机能是作为历史产物的进化结果,即以符号系统为中介的心理机能,如记忆的精细加工系统。

高级心理机能是人类在本质上区别于动物的特征。维果茨基认为最重要的心理工具是语言,他认为儿童使用语言不仅限于社会交往,而且也是在以一种自我管理的方式计划、指导和监控自己的行为。自我管理的语言被称为"内在言语"或"个人言语"。3～7 岁儿童会出现由外部语言向内部语言转化的表现——自言自语。

儿童认知能力的发展始于社会关系和文化,儿童的记忆、注意力、推理能力的发展都和学习使用社会的创造发明有关,如语言、数学体系和记忆方法。在一种文化背景中,会包含学习如何借助计算机进行计算;而在另一种文化背景中,会包含用自己的手指或珠子计数。

维果茨基从种系和个体发展的角度分析了心理发展实质,提出了文化—历史发展理论来说明人的高级心理机能的社会历史发生问题。

维果茨基尤其强调教育与世界展开社会互动的重要性,并发展了两个核心概念——最近发展区以及脚手架,都对教育和学习科学产生了深远的影响。若问这一派的研究者什么是影响学习最重要的因素,他们的回答是:"与世界和他人的社会互动。"

维果茨基的理论着重探讨了思维与语言、教学与发展的关系问题。他提出了文化—历史发展理论:人的发展之所以与动物不同,主要因为工具的使用和文化的传承,控制自然和控制行为是相互关联的,因为人在改造自然的同时也改变了人自身的性质。

维果茨基认为,教学应该走在发展的前面以及存在最佳学习时间,因此提出了"最近发展区"的概念。

5. 社会建构理论

社会建构主义扎根于发展心理学、文化—历史理论和少部分的格式塔心理学,另外,深受产生于 20 世纪 20 年代的知识社会学和建构主义认识论的影响。

皮亚杰第一个强调了儿童心智建构的本质:儿童积极地尝试去建构对外部世界的理解。建构主义是认知主义的进一步发展。在皮亚杰和早期布鲁纳的思想中已经有了建构的思想，但相对而言，他们的认知学习观主要在于解释如何使客观的知识结构通过个体与之交换作用而内化为认知结构。从20世纪70年代末，以布鲁纳为首的美国教育心理学家将教育心理学家维果茨基的思想介绍到美国以后，对建构思想的发展起了极大的推动作用。

社会建构主义背离了皮亚杰有关建构主义的主张，它同文化—历史理论一样强调了社会互动在实现理解中的重要性。社会建构主义认为，知识，甚至我们关于现实的观念，都源自于社会关系和互动中。在社会建构主义看来，影响学习的最重要的因素应当是"通过与他人的互动构建意义与知识。"

换句话说，我们知晓的一切都是从与他人的交流和互动中学得的，要么是个体之间面对面的交流，要么是通过多媒体介质获取信息，在互动经验以外的所谓的知识是无意义的。

建构主义者主张，世界是客观存在的，但是对世界的理解和赋予的意义却是由每个人自己决定的。我们是以自己的经验为基础建构事实，或者至少说是在解释事实，我们个人的经验世界是用我们个人的头脑创建的，由于我们的经验以及对经验的信念不同，于是我们对外部世界的理解便也迥异。所以，他们更关注如何以原有的经验、心理结构和信念为基础建构知识。

社会建构主义发源于20世纪90年代，强调学习的主动性、社会性和情境性，对学习和教学提出了许多新的见解。它非常强调学生的讨论和从多媒体中学习，许多流行的教育形式，如基于问题的学习和计算机支持的协作学习，其基础都是社会建构主义的。社会建构主义者重视小组讨论，重视认知工具或者心智工具——后者指的是为促进信息搜集和学习而设计的计算机工具。

对建构主义学习理论虽然有许多争议，但当今的建构主义者提出了许多富有创见的教学思想。他们强调学习过程中学习者的主动性、建构性；对于学习，提出了初级学习和高级学习的区分，批评传统教学中把初级学习的教学策略不合理地推到高级学习；他们提出了自上而下的教学设计及知识结构的网络概念的思想，以及提倡改变教学脱离实际情况的情境性教学等。这些主张对于进一步强化认知心理学在教育和教学领域中的领导地位，深化教学改革都有深远的意义。

3.2.2　认知科学

1. 信息加工理论

人类心智与计算机类比源于信息加工理论,它主要发展于 20 世纪五六十年代,今天还在用的一些概念,如记忆存储和检索,都来源于信息加工理论。

信息加工理论把人看作一个信息处理器,而人的认知行为就是一个信息处理过程,即信息的输入、编码、加工储存、提取和使用的过程。例如,消费者面对各种大量的商品信息,要对信息进行选择性注意、选择性加工、选择性保持,最后作出购买行为。这个过程可以用心理学原理解释为:商品信息引起了消费者的有意或无意注意,那么大脑就开始对获得的信息进行加工处理,这个过程包括知觉、记忆、思维和态度,于是购买决定就产生了。

对于影响学习的最重要的因素是什么,信息加工理论者应当会回答:"对信息的积极的心智加工。"因此,行为主义强调环境的重要性,而信息加工取向强调人的内部认知状态,目标是研究人类认知过程的复杂性。它把人类心智看作一个信息加工的装备,包含了一些独特的构件:感觉登记器、短时记忆、长时记忆。

这样,在信息加工理论者看来,教学应当聚焦短时记忆中的信息演练,使其能够存储在长时记忆中;所学过程经过充足地反复演练,就会达到自动化的水平,无须努力就得到执行。

几乎所有信息加工论者都认为,学习实质上是由习得和使用信息构成的。他们的一个基本假设是:行为是由有机体内部的信息流程决定的。由于这种信息流只是一种猜想,是永远不可能被人直接观察到的,所以心理学家们构建了不同的模式推导这种信息流,这取决于理论家想要说明哪一种内部过程。

从信息加工的角度研究学习,有不同的来源。一是受了格式塔记忆理论的影响,这种理论强调,有机体如何组织它们记忆的内容,反映了它们主动地组织知觉的方式。另外,还有 3 种对当今信息加工理论有影响的理论:①由埃斯蒂斯和斯彭思等人最早提出的学习的数学理论(mathematical learning theories);②强调以选择性注意为起点、长时记忆痕迹为终点的信号探示理论(signal detection theories);③注重人工智能和计算机模拟的计算机模型理论(computer-model theories)。

2. 认知符号学

认知符号学(cognitive semiotics)是一门从认知的角度研究意义的科学,它试图对包括语言在内的一切文化符号进行认知研究,寻求对人类意义生成的理解。认知符号学的任务就是阐述结构符号模型,对认知领域的研究结果予以综合考虑,从而将两方面的基本贡献融为一体。

认知符号学建立在信息加工理论介绍的计算机隐喻的基础上,它是从意义如何被传递的视角描述知识的。若被问起影响学习的最重要的因素是什么,奥苏贝尔那句广为人知的话能够代表认知符号学的研究者回答:"影响学习的最重要的因素是学习者已知道什么,弄清楚这一点,然后相应地教他。"

具体来说,认知符号学区分陈述性知识和程序性知识。它认为陈述性知识指的是对外部世界的表征,通常以语义网或者命题网络的形式出现,从简单的图式(如概念、原则),到很复杂的图式(如复杂领域的概念模型或者因果模型),这不同于平白的事实;而程序性知识是对上述表征作出操作的认知过程,它通常以产生式或者认知规则的形式出现,把特定条件和认知行为或者动作行为连接起来。

而在教学应用中,是通过学习任务、支持性信息、程序性信息和部分任务练习四要素展开的。学习任务和支持性信息的理论基础是图式构建理论或者陈述性学习理论,具体而言,学习任务是从不同的具体经验中归纳学习,而支持性信息是通过新信息与已知相连接。程序性信息和部分任务练习的理论基础是图式自动化或者程序性学习,具体而言,程序性信息的基础是把新信息编译镶嵌到认知规则中,而部分任务练习的基础是通过重复使认知规则自动化。随着学习者拥有更多的先前知识,这些学习过程会更有效。

3. 认知负荷理论

和认知符号学一样,认知负荷理论也建立在人类心智的计算机隐喻上。但不同的是,认知负荷理论不是对传递意义的记忆展开语义表征,而是把自身限定在一个特定的人类认知架构上,尤其是在记忆系统的容量上。大部分认知资源模型在工作记忆和长时记忆之间作出了区分,用以解释学习和表现的可用资源是有限的。若被问起影响学习的最重要因素是什么,认知资源范式下的研究者的回答可能是:"人类心智的有限加工容量。"

认知负荷理论假设人类的认知结构由工作记忆和长时记忆组成。其中,工作记忆也可称为短时记忆,它的容量有限,一次只能存储 5～9 条基本信息或信息块。当要求处理信息时,工作记忆一次只能处理 2～3 条信息,因为存储在其中的元素之间的交互也需要工作记忆空间,这就减少了能同时处理的信息数。工作记忆可分为"视觉空间缓冲器"及"语音圈"。长时记忆于 1995 年由 Ericsson 和 Kintsch 等提出。长时记忆的容量几乎是无限的。其中,存储的信息既可以是小的、零碎的一些事实,也可以是大的、复杂交互、序列化的信息。长时记忆是学习的中心。如果长时记忆中的内容没有发生变化,就不可能产生持久意义上的学习。

认知负荷理论认为教学的主要功能是在长时记忆中存储信息。知识以图式的形式存储于长时记忆中。图式根据信息元素的使用方式组织信息,它提供知识组织和存储的机制,可以减少工作记忆负荷。图式可以是所学的任何内容,不管大小,在记忆中都被当作一个实体看待。子元素或者低级图式可以被整合到高一级的图式中,不再需要工作记忆空间。尽管图式的构建使得工作记忆处理的元素数量有限,但是在处理的信息量上没有明显限制。因此,图式构建能降低工作记忆的负荷。图式构建后,经过大量的实践能进一步将其自动化。图式自动化可为其他活动释放空间。因为有了自动化,熟悉的任务可以被准确流利地操作,而不熟悉任务的学习因为获得了大限度的工作记忆空间,可以达到高效率。

在教学应用上,认知教学理论是建立在认知负荷理论上的一个流行理论,它主要假设教学应当减少在工作记忆上的外在认知负荷或者无效认知负荷,这样,可用资源能够真正用于真实的学习,即长时记忆中图式的建构和自动化。这里尤其要注意,解决问题和学会解决问题是两个不同而且又不相协调的过程,我们的教育主要针对的是学会解决问题,因此,认知负荷研究者认为,为了使学生学会解决问题,必须设计更有效的问题形式。

通过前文对这 8 种受心理学、认知科学影响的学习理论介绍,我们大体上了解了自适应学习的 8 个研究范式,见表 3.2。

表 3.2　自适应学习的 8 个研究范式

学　科	范　式	学习的核心要素
心理学	完形心理学	创造性思维:学生如何获得洞察力和理解
	行为主义	条件反射:强化对学习的影响
	发展心理学	儿童发展:学生的认知发展阶段
	社会建构主义	协作学习:学生对于意义的社会建构
	文化—历史理论	最近发展区:学生和世界的交互
认知科学	信息加工理论	信息演练:学生积极的心智加工
	认知符号学	程序性学习:学生的先在知识
	认知负荷理论	真实学习:人类心智的有限处理容量

　　作为业界的一员,即使不做基础研究,也能够感受到我们身边的各类工作的方法或者思路,或多或少、或显或隐地,都会受这些学术研究的影响。

　　对于学习观,应当持有的是一种复合立场。自适应学习的研究思路不应该被某一种理论框架所限制,需要面向不同的教育学习理论框架,通过计算机科技使得教与学具备自适应特点,这本身是一个跨学科的综合性研究。换句话说,自适应学习的研究思路既要关注意义的传递与学生的先在知识,也要关注意义的社会建构和社会预期。

3.3　自适应学习的研究方向

　　自适应学习依据的理论框架不同,研究者研发的自适应学习系统会受到相应的影响。这涉及从理论框架到学习设计,由学习设计到业务系统的构建。

　　关于自适应学习研究方向,国外起步较早,无论是理论,还是实践方向,都有所突破。有人从学习理论的角度指出有效的学习系统应能理解学生的学习过程,研究学习过程与学习系统设计的相关性。有人从数据挖掘的视角,研究自适应学习在网络学习过程中的作用。另外,有人运用聚类分析方法采取协同过滤技术构建系统原型,把学生学习过程中出现的相似访问网页序列和网页内容等信息分类。还有人研究语义规则,为学生推荐个性化的学习内容,提出基于语义框架的适应性机制。

　　与发达国家相比,国内对自适应学习的研究起步较晚,但也形成了一些颇具代表性的成果。一些学者研究自适应学习模式中的诊断测评和学习策略,指出系统适应性的实现应同时满足学习诊断、学习知识动态组织、学习策略3个关键环节。另外,一些学者从数据模型构建和特性的角度对自适应学习系统参考模型展开了研究,还有一些学者对语义网环境下基于认知风格的学习者模型设计进行了研究。

　　上述的自适应学习研究各有特点,它们以不同的方式收集并解析学生在线学习的各方面数据,进而不断调整提供给学生的学习材料、检测方式和学习顺序,以满足不同学生的个性化学习需求。

　　综合自适应学习研究的不同方式与特点,大体上可将自适应学习分为3种类型:自适应内容、自适应评价与自适应序列。

　　(1) 自适应内容(adaptive content):占市场份额最大的自适应学习工具。

　　通过分析学习者对问题具体的回答,为学习者提供独一无二的内容反馈、线索与学习资源。该工具能够依据各个学习者不同的学习状况,当即提供合适的反馈,包含提示与学习材料等。

　　(2) 自适应评价(adaptive assessment):把测验与评分提升到新的阶段。

　　一般应用在测试中,依据学习者回答问题的正确与否,及时修改与调整测评的标准。

　　(3) 自适应序列(adaptive sequence):预测性分析。

　　利用一定的算法与预测性分析,基于学习者的学习表现持续收集信息。其中,在信息收集阶段,自适应序列会把学习目标、学习材料和学习者互动集成起来,再由模型计算引擎对信息进行处理,以备运用。例如,当学习者在测试中有一道题做错时,自适应序列将依据答案为其推送合适的学习材料,并且会依据算法修改推送的顺序。

3.3.1　面向知识的自适应内容

　　自适应内容(adaptive content)通过对应现行的课程大纲和标准将学习材料颗粒化,将传统学习内容重新设计成颗粒度较小的学习材料,设计互动学习材料,将测评题目嵌入学习材料中,以提供阶段性支持与评测,并且依据对学生评测的具体反馈信息,为每个学生提供独有的学习内容。

自适应内容是目前占市场份额最大的自适应学习工具。该工具能够根据各个学生不同的学习状况,即时提供有针对性的反馈,包含学习建议和学习材料等。单纯的自适应学习产品,其学习路径是不变的,只根据学生能力调整学习速度或者反复练习,因而有些产品也结合了自适应序列。此类形态的学习材料制作成本高,学习分析相对细致,学习效果较佳。

虽然提供的学习材料内涵不一样,但自适应内容背后的原理是相同的,即不断通过学习者在学习过程中的表现,及时调整学习者的学习材料。

具体来说,自适应内容能够依据各个学习者的学习状况,即时提供合适的反馈,给出问题提示与学习材料等。

自适应内容通过搭建知识架构为学习者提供更多的帮助。例如,先将学习者的学习材料分解成具体的知识,直到学习者完成每一部分的单独学习之后,再帮助学习者进行知识整合。自适应内容以学习内容为基础,收集并分析学习者学习不同学习材料的信息。

当学生出错时,具有自适应内容功能的工具会根据学生的错误给出反馈和提示,并提供其他学习材料以供学生继续学习。这些工具还能根据学生的反应提供个人化的技能,并且能分成更小的部分,而不改变技能学习的整体顺序。

具有自适应内容功能的工具主要能做两件事:查看学生的具体答案,然后针对特定主题提供特定的提示、反馈和学习资源。

这些对学生学习的响应全部应用于和某个技能对应的单个内容中。例如,添加分数的学习活动。当学生作出错误回应时,基于学生的独特反应,这些工具能够对每个学生提供纠正信息(如"你忘了加上余数")和提示(如"不要忘记位值"),而不仅仅是将答案标记为正确或错误。

例如,最常见的美国 GRE 和 GMAT 考试,测试者在连续做对题目之后,会发现题目越来越难,这就是自适应评价工具根据测试者的表现及时调整的结果。对这类产品来说,题目的品质非常重要,题目与知识点、能力标准之间的关系提供了大量统计数据,可信度会更高。内容自适应在应用于题库型的产品中最常见。

1. 什么是内容自适应

有许多功能至关重要,它们能为学生提供精心设计的有效内容。符合教育学和准确性非常重要,但还有一些事情,如学生的参与和动机也同样重要。因为系统允许学生排序和匹配项目或绘制图表,视觉上的吸引力或内容的互动性更有可能让学生保持学习活动。此外,通过允许学生选择自己的学业或设置自己的学习节奏,为学生提供一些可控的内容,有可能带来更高水平的学习动机和成就。

然而,虽然交互性、学生自主选择和可自我调整的环境对学生的学业很重要,但我们不认为它们是内容自适应功能。

内容自适应功能可以基于学生的错误,通过提供校正反馈、给出提示和额外的学习资源,以及支持立即纠正,从而在出现错误时响应学生的学业需求。这不同于在活动或练习后只告诉学生他们答案的对错。自适应内容能够针对学生提供反馈和提示、附加的学习资源以及内容架构与分支。

(1) 反馈和提示。

一些工具(如 Fulcrum Labs)可以根据学生的具体错误提供校正反馈,以便纠正错误。

另一些工具(如 MathSpace、SmartBook)可以根据学生以前的回答提供回答问题的建议或提示。

(2) 附加的学习资源。

除了提供具体的反馈和提示,一些工具还提供额外的学习资源,如视频或文本,学生可以立即进行复习(如 Mastering、LearnBop)。此外,一些工具提供了逐步深入的补救指导,学生可以根据需要访问(如 Knowre),而一些工具允许学生在活动中接触导师,请求获得另外的辅导(如 Think Through Math、MyLab)。

(3) 内容架构与分支。

自适应内容最复杂的功能是架构和分支。学生学习一个技能或概念时,通过分解成细小的学习单元,教师可以对每个学生进行单独辅导,直到学生可以把这些学习单元都学完,而学生的初始学习序列保持不变。

内容架构与分支有两个关键要素：一是自适应包含技能与内容单元对应,二是学生的初始学习顺序保持不变。

当这种情况发生时,学生将继续学习相同的技能,直到掌握它,再继续前进,或直到教师在他的控制面板上通知需要额外的帮助和干预。当一个学生对这一技能已经掌握时,他将被移动到初始学习序列中的下一个技能。系统收集关于学生的技能表现的信息,不用将学生重定向到完全不同的技能。学生的原始学习序列保持不变。

2. 两种常见的自适应内容类型

一种是以"线上课程"为主的自适应内容,它依据教学者的需要提供学科教学课件,并且可在多种教学管理平台上运用。自适应内容依据学习者学习与回答问题的状况,不断分析学习者和课程材料互动的信息。

自适应内容在调整向学生提供的学习材料时,会考虑以下几个因素：学习者的自信心指数与自测成绩、学习者完成练习的时间、学习者回答问题的表现、学习者对学习目标的熟练程度、学习者在相似的学习模块中的学习表现等。

CogBooks是"线上课程"自适应内容工具的典型。2015年,亚利桑那州立大学与CogBooks达成协作,率先在教学上运用该自适应工具为学习者提供"生物"与"历史"两个线上课程。其中,527名同学选修了"生物"课程,25名同学选修了"历史"课程。

依据课程结束后的调查反馈,参与线上课程的学习者普遍认为该自适应内容对自己的学习提升有帮助。其中,共有81%的学习者希望能够把该自适应内容应用到其他科目的学习上;有81%的学习者认为线上课程的难易程度合适;有84%的学习者认为该自适应工具可以更好地帮助理解学习材料;有68%的学习者表示该自适应工具的实时反馈功能对学习非常有帮助。

从教学结果的统计数据来看,运用了CogBooks之后,成功完成相同"生物"课程的学习者比例从76%上升到94%,而中途退课的学习者比例从15%下降到1.5%。

另一种是以"游戏"为主的自适应内容。DreamBox Learning是一款以游戏为基本呈现方式,针对K-8(幼儿园到八年级)数学教学材料提供自适应内容的工具。学习者在玩数学游戏时,该工具的分析系统将依据学习者在游戏中的表现,不断调整游戏的进程内容,并且为教师、家长与学校管理者发送分析报告。平台上共有超过 720 节在线课程,一部分课程适用于 K-2(幼儿园到二年级)的低年级学习者,另外一部分课程适用于三到五年级的学习者。

当学习者登录 DreamBox 之后,他们能够为即将展开的游戏自主选择主题、角色与故事线。系统将运用实时的游戏数据为学习者设计个性化的学习计划。若一位学习者总在一个地方犯错误,从而导致不能进行到游戏的下一步,系统就会给他相应的提示。

同时,DreamBox 还依据学习者对知识掌握的程度,自动为其分成不同的学习小组,以方便教师开展分层次的线下辅导。学校与学区的管理人员也能够通过该自适应内容工具获知各个学校具体的教学状况。

美国加州圣何塞的 3 所政府特许学校(charter school)让全体一年级学习者运用此自适应内容工具学习数学。从 2011 年对该工具的研究报告得出,学习者通过运用该自适应内容,数学成绩在数据上有显著提升,这能够证明此自适应工具有积极效果。

3.3.2 面向学生的自适应序列

自适应序列(adaptive sequence)不断收集和分析学生数据,自动改变学生接下来学习的内容,从学生学习技能的顺序,到学生接收内容的类型。自适应序列持续收集关于性能的实时数据,并具有使用这些数据自动改变学生的学习体验的能力。

自适应序列是自适应学习 3 种类型中最复杂的,需要运用算法和预测分析持续收集数据,并使用它改变学生看到的内容。

具有自适应序列的工具不同于简单地为学生提供差异化内容的工具。这些工具可能不依赖于收集实时数据并且使用该数据改变学生接下来学习的顺序。

例如,DreamBox 为个别学生分配一组数学内容。当学生与内容交互时,通过回答问题、单击提示或使用虚拟操作,DreamBox 保存有关学生操作的信息。当他们完成作业时,该工具分析学生的学业成绩和学习行为,然后根据他的表现,生成一组新的学习技能序列。

然后,DreamBox 自动为学生分配一组新的内容。

下面是一个自适应序列过程的简化示例:几个学生被分配了不同的数学内容。当每个学生通过回答问题，单击提示或使用虚拟操作与内容交互时，工具会保存有关每个学生的操作的信息。当学生完成作业时，该工具分析其学业成绩和学习行为，然后根据绩效将学生与一组新的技能相匹配，自动给学生分配新内容。

这不同于简单地为学生提供差异化的内容。例如，如果一个学习者在一个特定技能引入期间不在课堂上，多年后，学习一个建立在该先验知识基础上的新技能，学习者将先学习此先验知识。自适应序列工具可以通过帮助学生回溯的方式找到这个差距，并首先学习这个内容，而不是像其他人一样遵循相同的顺序。

一些工具使用略有不同的自适应序列版本，根据学生的需要为学生推荐更多的资源。

这些工具收集和分析学生数据，然后通过推荐可选材料调整内容，学生可以使用这些材料完成现有作业。它们不像本类别中的其他工具那样具有规定性。

自适应序列工具通常有3个步骤：首先，使用工具收集数据；然后，分析数据；最后，该工具调整学生接收的内容。自适应序列工具参与3个步骤的过程如下。

1. 收集

在更改序列的过程中的第一步是收集数据。

收集的数据有3个关键特征：数据类型、难度级别和项目粒度。

收集数据需要询问的3个问题：收集和使用什么类型的数据；捕获什么级别难度和项目粒度的知识；该工具是否考虑了学习者以前的表现。

首先，系统可以基于学生如何与内容互动收集和使用不同类型的数据。

最常见的用于更改序列类型的数据包括：

（1）学习表现，如学生提交数学问题的答案。

（2）学习过程，如学生在获得正确答案之前尝试问题的次数，或学生借助帮助的资源类型（如虚拟计算器或时间轴）。

（3）学生兴趣，如学生反复选择与之交互的资源类型。

其他可收集的数据，如社交行为（例如，对另一个学生的个人资料发表评论）、活动评价（例如，是否喜欢活动，甚至活动当天的心情）。然而，这些数据在当前技术中不常用来改变内容序列。

其次,难度和粒度表示两个与评测相关的指标。难度级别是指学生学习的问题的复杂性。有不同的尺度可以用于这一点,如 Web 的知识深度、布鲁姆的分类法,或简单地分为简单、中等难度和困难。

粒度是指捕获概念或技能的细节水平。

最常见的数据类别包括:

(1) 一般标准或主题。

(2) 具体概念。

(3) 离散的知识或技能。

(4) 认知难度水平。

最后,学习者历史纪录表示学生之前的绩效数据。如果工具确实记住了与学生先前内容交互的情况,则该信息就会被添加到数据池,并在改变学生路径的过程中加以考虑。随着时间的推移,该工具会创建学习者与内容互动的配置文件,学生使用它的时间会持续延长。

收集这类信息后,工具会对其进行分析,以确定学生知道或不知道的技能。工具通过分析,为每个学生选择适当的技能,并通过选择最适合他们的特定内容来做到这一点。

2. 分析

学习者分析过程可以像使用达到 70 分就能通过考核的规则一样,得分高于该范围的学生移动到序列中的下一个技能,得分低于它的学生则返回到先前的序列中的技能。

这通常被称为"门控"或"阈值分数"。

学习者分析如何分析学生的绩效数据? 如何衡量下一步可以选择多少技能? 更改路径内容分析时如何选择学生接下来将使用的特定内容? 当涉及得分权重时,它可能更复杂一些。

这类似于教育者经常用来决定学生最后课程成绩的方式。教授基于这些因素和价值观的组合,如 10% 的活动参与,20% 的家庭作业,30% 的期末考试和 40% 的团队项目。数字自适应学习工具也可以做到这一点,然后采集学生的分数,并在学习主题范围和学习路径序列中匹配最适合的下一步学习技能。

　　有时,自适应学习工具不仅仅依赖于预先构建的范围和顺序确定学生应该学习的下一个最佳技能。有时它依赖于其他学生和他们的表现。这些工具能够通过比较类似学生的概况估计学生应该做什么和学生还不知道什么。其基本思路是:如果它为一个学生提供使用系统,那么它同时也在为另一个学生提供使用系统(这其中有很多数学算法在背后支撑)。

　　学习者分析是指自适应学习工具分析学生成绩数据的过程,经常运用多个数学度量方法,最常见的方法有以下 5 种。

　　(1)加权数据类别:使学生提交正确答案的次数的优先级高于学生在一组问题上花费时间的优先级。

　　(2)应用精通阈值:应用诸如 80% 精通的规则确定学生何时达到预期。

　　(3)比较学生组数据:将一个学生的学习资料与另一个类似的学生的学习资料进行比较。

　　(4)计算掌握概率:计算学生掌握技能的可能性。

　　(5)应用正确和错误响应规则:为学生发送正确或错误响应的活动。

　　当将学生与他的路径上的下一个技能相匹配时,有几种不同的方法。该工具可以有一个、几个或无限数量的技能选择。

　　只有一个选项的工具会将学生移动到之前与学生学习状况响应的一个技能。例如,如果学生在关于使用小数的多项选择问题上错误地选择答案 B,则工具将发送学生到先前与答案 B 对准的补救技能,如确定地点值。然而,如果学生正确地选择答案 A,该工具将发送学生到先前与答案 A 对齐的序列中的下一个技能,如乘以小数。这些类型的工具很大程度上依赖于预先设计的作用域和序列,或内容映射,其构建了每个内容单元之间的连接。

　　具有多个选项的工具能够允许学生回到以前序列教授的技能,或在以前的年级水平教授的技能。这些类型的工具依赖于预先确定的范围和顺序,只要足够复杂,就可以达到各种程度的灵活性。

　　最后,具有自由选项的工具允许学生在学习技能的过程中,使用其他学生或自己以前学习成功类似的配置文件。这样的工具主要使用大量的关于学生表现的实际数据,而不是预定的范围和顺序来匹配学生与技能。因此,这些工具通常为学生创造最具活力的学习路径。

3. 调整

自适应学习工具收集并分析信息后,它会调整内容传送方式以及为学生提供内容。大多数工具自动执行此操作,并为学生提供新的必需分配的或新的可选支持资源。

内容如何提供给学生? 提供多少数量的内容? 内容之间设计的关系是什么?

一般来说,可能发生两种情况:内容被分配或内容被推荐。当分配内容时,学生需要完成它。例如,学生可能会收到一个新的作业,包括 5 个不同的减法活动。当推荐内容时,建议为学生提供其他内容,学生可以选择是否使用这些建议的资源。例如,一个学习经济学的学生也可能有一个建议的资源清单,其中包括描述供给和需求原则的视频,以及一个书面的案例研究,以及说明上下文中的供求关系。在这两种情况下,学生获得的附加内容都是根据他的需要量身定制的。

数量表示内容分配或建议的大小。它是一个单独的内容或一组内容。例如,工具可以为学生分配一个单独的练习问题,以便完成接下来的工作,或者它可以为一个学生分配一组包含 10 个问题的活动,以供下一个工作使用。

设计表示作业或建议中的内容之间可以是相关的或独立的。相关的内容通常基于类似的单元,并且具有序列。例如,一组相关内容可以是与测量体积对应的有序活动。相反,独立的内容根本不连接,并且可以出现在资源库中,或者出现在一般的播放列表中。例如,一组独立的内容可以是其他学生喜欢和使用的个人数学问题或资源的集合。

自适应系统的一个关键能力是自动解析并干预和调整学习,这也是自适应的来源。基于学生的学习表现,利用一定的算法和预测性分析持续收集数据,以生成不同的学习序列,并且在数据收集阶段,自适应序列会将学习目标、学习材料与学生互动集成起来,再由模型计算引擎对数据进行处理,以供使用。例如,当学生在测试中做错一道题时,自适应序列将根据答案为其推送合适的学习材料,并且会根据算法修改推送的顺序。这种系统的提供者都是平台类工具产品,通常与知识出版商协作,或让教师、知识生产者自行建设和上传内容,系统会根据学生的知识水平与对各知识点的精熟度调整学习路径。

因此,下面重点解析一下与学生特征、学习参数紧密相关的这几种自适应序列。

(1) 基于知识与学习目标特征的自适应序列。

早期的自适应学习技术把注意力集中在诸如学生的知识与学习目标特征上。例如，国内一些商用自适应学习系统，多数也是如此。有大量案例都在探讨题目的知识点标注，知识图谱的建设，学习者对知识点的掌握程度等，这些都是学术界较早期的自适应学习技术研究特征。

虽然这些研究属于早期研究，但并非没有继续研究的价值——其实，在认知符号学范式的继续演进下，这些研究仍然是大有可为的。

(2) 基于学习风格的自适应序列。

所谓学习风格，Honey 与 Mumford 的通用定义是：学习风格是对能确定一个人偏爱的学习方式的那些态度与行为的描述。换句话说，学习风格是对学生的态度与行为的描述，这些态度与行为能够确定他偏爱的学习方式。另外一种能够参考的定义是：学习风格是学生在一定的环境与条件下表现出来的复杂行为，它们能够支持学生快速有效地理解、加工、存储、回忆他们的学习材料。

学习风格的分类有许多种。例如，Myers-Briggs 风格量表、Kolb 的学习风格模型、Honey-Mumford 的学习风格模型与 Felder-Silverman 的学习风格模型等。我们以 Honey-Mumford 的学习风格模型为例，它是在 Kolb 的基础上进一步发展出来的，学习风格囊括行动主义者(热衷于新东西、新体验，在做中学是他们最好的学习方式)、理论主义者(擅长把观察结果整合到理论中，学习过程离不开概念、模型与事实的支持)、实用主义者(对学习材料在现实世界的应用感兴趣，会不断尝试各种应用)，以及反思者(喜欢从不同角度观察与反思，并且从中得到结论，展开学习)。

基于学习风格的自适应学习系统，一般会依据几种不同的技术调整学习材料与过程，适应学习者的不同学习风格。最常用的有：

① 在一个课程中改变每个片段中呈现的学习对象类型的顺序，隐藏那些不匹配学习者学习风格的学习对象，如学习对象的元件与学习对象的链接。对学习对象作出注解，以表明它们符合学习者的学习风格的程度，进而推荐最合适的学习对象。

② 大多数自适应系统运用静态的与协作的学习者建模方法，要求学生填写问卷确定他们的学习风格。但这些问卷是基于"学生了解自己如何学习"这一假设进行设计的，且

由于是基于自我报告的测量，而不是能力测试，因此其有效性还值得商榷。

③ 从最近的发展可以发现，系统□可以通过调查与发展自动化的途径确定学习风格，在线学习平台的□□□□□□为数据都被收集与利用。模型是贝叶斯网，隐马尔可夫□□□□□□□都是可用的选择。

□□□□□□□□□□□□有诸如意识、感知、推理与判断等方面。人类有许多□□□□□□□□□□□□关重要的，包含记忆能力、推理能力、信息加工速度、□□□□□□□□□□□

所谓□□□□□□□□□□□地保持有限容量的信息。以前，学习记忆也指短时记□□□□□□□□□一个假设：学习记忆由两个相互独立的部分构成，□□□□□□□□□信息相关。依据这一假设，当两个通道都参与时，能□□□□□□□□好地学习。但事情的复杂性在于，有研究者发现，□□□□□□□□着学生经验的增长而减少的。

推理能力□□□□□□□□□□，归纳推理越来越受重视。研究认为，归纳推理能□□□□□□□□能力越强，对学术知识的智力模式建构就越容易。□□□□□□□业成就的最佳预测器。

信息加工速度□□□□□□□□□适应学习系统必须考虑学生的信息加工速度，进而□□□□□□□量、信息的传播途径与相互关联，以及是否提供要□□□□□

链接式学习能力□□□□□□□□程必须作出模式匹配，它能够发现已有的信息空间□□□□□□入长时记忆。系统设计必须帮助学生回忆已有信息□□□□□□生创建联想与理解。

元认知是对个体认知□□□□□□重要性越来越凸显，尤其在问题解决任务中，元认知□□□□□

基于认知能力的自适应□□技术涉及确认学生的认知能力，并运用这些信息为具备不同认知能力的学生提供不同的支持。但如今这个领域的研究还处于相对早期的阶段，研究成果也不多。

(4) 基于情感状态的自适应序列。

能够影响学习过程的另一方面是一个人的情感状态。在学习过程中,通常认为情感状态与学习关联紧密,如厌倦、困惑、沮丧,或者信任、满意与独立等。提供关于情感状态方面的自适应是一个新的研究领域,仅有少数的自适应学习系统开始探索解决这一类问题。例如,基于学习者学习过程视频的情感状态识别;通过情感状态的识别作出推荐——也是这个方向的一个尝试。随着可穿戴设备的兴起,系统能够采集大量的数据作出情感状态的识别,如体感坐姿数据,处于躺卧姿势的学习者其情感状态多趋向于消极,这也是一个例子。

(5) 基于情境与环境的自适应序列。

对于情境的一般性定义,可将其描述为"任何能够用来描述实体状况的信息"。实体能够是一个人、一个地点,或者是一个被认为和用户与应用程序之间的互动相关的物体,包含用户与应用程序本身。

鉴于移动技术的最新发展,学习能够随时随地发生。所以,学生目前所处的学习情境,以及他学习的周边环境特点,成为自适应学习技术考虑的另一个重要方面。通过把学生的情境与环境信息整合到适应性过程,自适应学习技术开启了新的可能。

这样的例子不必多举,学习情境丰富、异质,环境千差万别,运用手机屏幕的碎片学习,与在 iPad 屏幕辅导下的学习上,有极大的不同——自适应系统不能忽视这一移动时代的学习特征。

基于情境与环境的自适应学习,已经扩展到移动学习上,其被很多研究者认为是下一个教育技术研究的热点。

3.3.3　面向教师的自适应测评

理解自适应测评的关键,是要记住这些工具根据学生对上一个问题的回答调整学生将会看到的问题。当学生准确地回答问题时,问题的难度将会增加。如果是学生需要努力才能解决的问题,问题的难度就会降低。

这种类型的自适应完全集中在工具的评估特征和能力上。

自适应测评根据学生是否能够正确地回答问题而改变和响应。这种变化通常会改变问题的难度级别。例如,如果学生正确地回答一个简单的问题,提供的下一个问题将提高难度。

1. 什么是测评自适应

传统测评的设计有两种方式：固定形式或自适应。固定形式测评是固定预选项目，并且每个学生在同一组问题（例如，期末考试）上进行测试评估。在自适应测评中，项目根据个别学生如何回答每个问题而改变。更改的通常是项目的难度级别。例如，如果学生正确地回答一个简单的问题，他们收到的下一个题目将会增加难度，等等。

在目前已有的学习工具中，发现有两种使用自适应测评的方式：作为练习引擎或作为监测学生进步的基准评估。

用作练习引擎的自适应测评包括不同难度级别的问题池，它们与学生刚刚审查的内容一致。

这些测评通常来自课后，学生回答的问题，或已经掌握的技能。

例如，工具可以具有用于学生学习的一组内容，然后是自适应练习引擎，以证明他已经学习了什么。

学生继续在实践引擎中解决问题，直到他已经正确地回答了足够困难的问题。一旦学生达到了掌握的目标，他就继续前进到下一个技能（如 FulcrumLabs、LearnSmart）。

基准测评用作基准工具的自适应测评通常是一个更长、更正式的测试，每几个月管理一次，以便衡量学生的学习情况。这些测评通常作为独立测试给出。

例如，学生可能每三或四个月进行一次在线自适应测评，以衡量他们学到的知识。结果通常通过数据控制面板和报告（如 i-Ready Diagnostic、LexiaRapid、NWEA）传达。此外，一些工具分析结果为每个学生创建学习路径，也可由教育者（如 i-Ready Diagnostic）接管下一个自适应测评。

其中一些测评用于衡量学术进步，通常会采取额外的措施，以确保它们是高质量的测试。数学模型用于分析大量学生在测试的不同部分上的表现，以确保项目是可靠和有效的。这些工具不同于只为学生提供差异化内容的工具。例如，存在一组工具，其提供测评，分析测评数据，然后基于它们的测评结果为每个学生分配学习路径。学生在这些学习路径上工作，直到手动管理另一个测评，并创建新的学习路径（如 i-Ready、Lexia）。

虽然这些类型的工具为学生区分内容,但它们没有真正的自适应序列。它们不会连续收集学生在内容或测评中表现的数据,更不会使用这些数据自动调整学生的学习路径。

2. 面向教师的两种自适应测评类型

面向教师的自适应测评主要有知识点间自适应测评和知识点内自适应测评两种,它们的研究方向各有所长。

"知识点间自适应"是一个应用广泛而且在技术上成熟的设计方案,今天我们看到的大多数自适应学习系统都属于这个类别。知识点间自适应方案主要对知识点的学习顺序进行优化,基于知识图谱的自适应学习都属于这个大类。

传统的知识点间自适应系统只对学习者做过的题的知识点展开掌握程度推断,更复杂一点的自适应系统(如 Knewton)会运用知识点间的关联关系推断学习者对未做过的题的知识点的掌握程度。不过这种关联推断只能算是锦上添花,尽管它降低了学习者学习整个图谱必须完成的最低做题量,但是它并没有提供探索可行学习路径的更好办法。

"知识点间自适应"系统在美国的实际运用中效果差强人意。对智能学习系统的实证效果进行统计,发现大多数混合教学并没有取得比课堂教学更好的教学效果。原因有三个。

第一,教材本身内含了一个设计良好的知识图谱与学习路径,由第三方教学专家构建的图谱与路径未必比久经考验的教材版本效果更好。

第二,知识点间自适应要求教师允许学习者以不同的速度学习,并且就此出现自然的教学分层现象。无论从政治环境上,还是从教师的教学负担上,教学分层都只能是一个"看上去很美"的教学设想。因为大多数知识点间自适应系统并没有 ALEKS 那样的基于掌握水平的自适应,而只有基于速度的自适应,不允许学习速度分化,实际上扼杀了自适应系统的优势。

第三,知识点间自适应与教师的可取代性超过互补性,所以教师运用自适应系统后偷懒也或许是效果不彰的原因之一。

而"知识点内自适应"是一种颇具中国特色的产品形态。知识点内自适应方案在给定知识点内的不同题目之间作出筛选与排序,国内大多数题库产品都与此类似。

在美国,因为可公开获取的题库在数量上与质量上都难尽人意,所以大多数自适应学习系统在知识点内都采取计算机出题的模式,包含可汗学院、Duolingo、CognitiveTutor与 ALEKS。这些题目本身高度雷同,所以不存在太多的自适应空间。可是,这种可控程度较高的练习题生成方式基本没有被中国的教育科技公司选用。一方面是成本的考量,另一方面也是用户体验的考量。

从成本上说,在国内获取一个数目可观、质量尚可的题库,相较知识点生成器要便宜得多,也要快得多。从用户体验上说,家长与教师或许更希望练习题目类似于考试题目(特别是初、高中阶段)。所以,利用一个数量庞大且品质参差不齐的题库作出知识点内练习(与教学)推荐,是一个非常具有中国特色的技术问题。

现今,全球市场上的自适应内容,针对 K-12 与高等教育领域,以“内容”的不同大概分为两种:一是通过线上平台提供标准的教学课程;二是通过线上平台提供教学游戏。

课程、练习或游戏都离不开检测与考察学习者进步状况的一环——测试评估:作为练习的自适应测评(assessment as practice)通常被安排在课堂结束后,学习者通过练习能够检验自己学习的程度。这类测评通常依据学习材料制订不同难度的问题。

作为基准测试的自适应测评(assessment as benchmark test)通常持续时间更长,形式也更正式。测试通常选用独立测试的形式,学习者每隔几个月开展一次此类的评价,以检验学习成果。

3. 更多工具以多种方式自适应

上面提到如此多的自适应学习的基本方向,学术界与业界有大量不同的自适应学习系统。教育是一个复杂的混合体系,因此,自适应学习技术还有一个方向,那就是混合式的自适应。综合运用以上两种或者若干种的自适应学习技术,设计出符合用户需求的混合式自适应系统,这种自适应更普遍。

除了识别内容、序列、评价这 3 个自适应领域,我们发现,我们研究的工具往往在这 3个领域中的一个或两个方面具有自适应功能。

例如,Lexia Learning 在内容上具有自适应功能,使工具能够立即响应学生的错误,使用纠正反馈和架构实践,但 Lexia Learning 的测评不是被设计为自适应的,内容的顺序也是在学生进行初始测试后设置的。所以 Lexia Learning 仅在内容中具有自适应功能。

但是,像 Knowre 这样的工具,在内容和序列中都具有自适应功能。这个移动应用程序的内容可以提供分步说明视频和其他视频,以帮助学生解决他们正在努力克服的数学问题。此外,Knowre 还收集关于个别学生如何表现的数据,并使用它为学生提供与他们所需的技能完全相符的练习问题。

因此,自适应特征不仅表现在对学习内容的审查上,而且还表现在学生技能学习的序列选择上。在不同类别的自适应中,具有自适应序列的工具是最复杂的。因为围绕教学顺序的教学决策对教师很重要,所以需要解释这些教学决策是如何由工具作出的。

以上这 3 种形态的自适应学习各有侧重,但在实际使用时常常相互结合,以达到更好的教学效果。自适应学习大体上分成三大类,实际产品可能同时采取两种以上形态的结合,如图 3.1 所示。

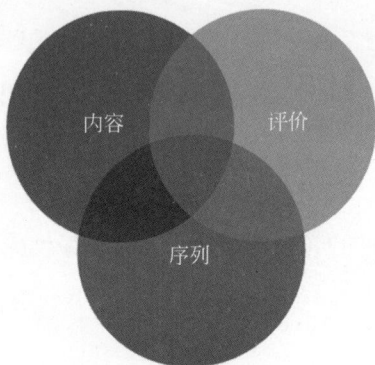

图 3.1　自适应的 3 种形态

3.4　拨开迷雾看自适应学习的内部系统构成

最简单的自适应学习平台主要由学习者模块、教学模块、知识领域模块、接口模块和自适应学习引擎构成,如图 3.2 所示。

3.4.1　自适应学习是怎样实现的

自适应学习系统某种意义上是一类支持个性化学习的在线(或线上、线下结合)学习环境。它针对个体在学习过程中的差异性(因人、因时)来提供适合个体特征的学习支持,包含个性化的学习资源、学习路径与学习策略等。

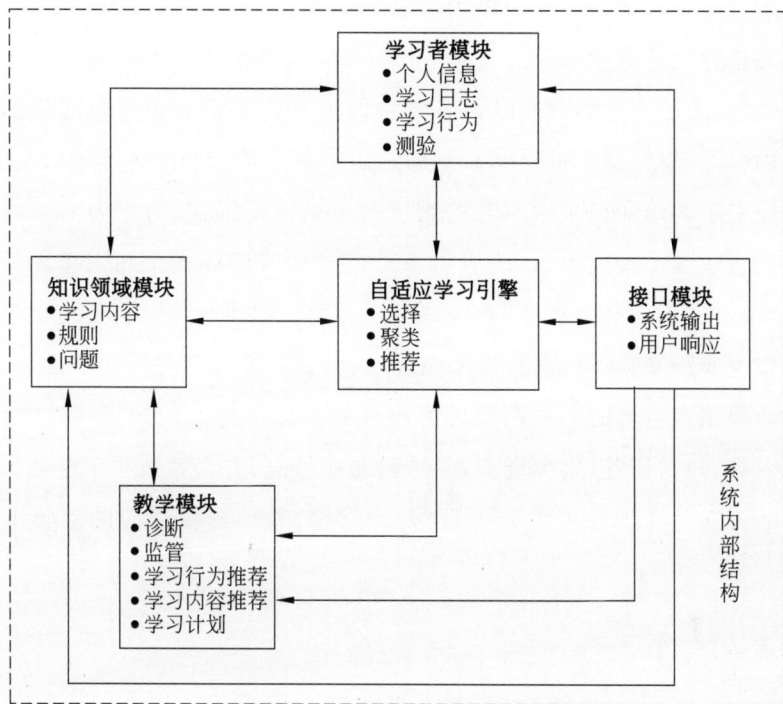

图 3.2 自适应学习平台体系结构

　　自适应学习系统最核心的组件包含自适应学习引擎、学习者模块、知识领域模块、教学模块和接口模块。

1. 自适应学习引擎

　　在自适应学习系统中,自适应引擎发挥着基础与核心作用。自适应引擎对学习者模块里的数据展开分析,调用知识领域的学习材料与相关的问题,使用接口模块反馈的数据辅助自适应引擎对数据进行选择与聚类。自适应引擎借助接口模块中的数据影响交互的行为。接口模块会根据引擎的指令诊断、监管学生的学习行为,并为自适应引擎反馈相应的结果,自适应引擎会结合专家知识库对学生的行为作出诊断与监管,充实知识领域模块的学习材料与概念等,调用知识领域的概念、问题与规则,影响学生学习。

自适应学习引擎在推荐过程中以学习者模块与知识领域模块为基础,依据学生目前的学习状态推荐合适的学习路径,并且相应地呈现个性化知识对象或者学习资源对象。其中,知识对象的有效推荐和学习者模块的关联匹配值相关。自适应引擎以学生和知识对象的学习风格、学生的认知水平和知识对象的难易程度为维度,定义关联匹配规则。自适应引擎调用知识领域对象的难度与风格特征描述,与学习者个性特征进行匹配计算。自适应学习过程中,自适应引擎会记录学习任务各个知识单元的测评考核题目,测评学生对知识的掌握程度,为构建学习者模块提供参考。自适应引擎对知识领域模块的存储主要涉及学习内容数据库、教学策略数据库与学习资源数据库。同时,自适应引擎还会根据学习者的需要调用学习内容数据库中记录的知识描述性信息,主要包含知识点名称、知识描述、实体资源路径、习题序号等,并根据教学策略数据库中记录的知识之间的关系与知识难度系数等数据,为学生、教师提供适应的教学方案与学习路径。

2. 学习者模块

在自适应学习系统中,学习者模块直接影响个性化水平。学习者模块包含学生个人信息、日志文件、学习行为信息及关于测验、阅读、编辑等信息,即包含全部和该平台交互的信息与和学生相关的信息。学习者的具体表征形式必须经过学习者建模组件实时采集、处理用户个性化信息来实现。一般地,自适应学习系统主要从用户特征、学习风格与认知水平3个方面构建学习者模型。其中,用户特征主要表征学习者的一些静态信息,如学号、姓名、性别、年龄、专业与学习经历等。学习风格与认知水平是学习者模块的关键,是自适应学习的特定业务内容,用于存储学习者的动态信息,共同表征学习者状态。

为了表征学习者的学习风格,需要构建作为学习者个性特征子模型的学习风格模型。该模型由感知、输入、处理与理解4个维度构成,各个维度分别对应两种对立型风格类型(表3.3)。学习者的学习风格类型可通过系统设定,或者在注册时完成学习风格量表初始化而实现。在学习过程中,系统也会通过收集、分析学习者的学习记录不断调整其学习风格。

表 3.3　学习风格模型

维　度	值	描　述
感知	直觉型	直觉型趋向概念与创新,关注理论和意义
	感知型	感知型趋向具体与实际,关注事实与过程
输入	视觉型	视觉型趋向视觉表现,图表、图片等媒体信息
	言语型	言语型趋向文档和语言表达
处理	活跃型	活跃型趋向实践活动、协作交流
	反思型	反思型趋向独立思考、自主学习
理解	全局型	全局型趋向宏观蓝图、整体概念
	序列型	序列型趋向细节步骤、逻辑顺序

　　学习者模块依据系统需求,还需要对学习者的认知水平特征进行表征。对认知水平的表征,主要从"初级""中级"与"高级"3 个层次进行,也可依据教学实际情况设计更细密的层次进行表征。对认知水平的表征,体现了学习者对目前知识的掌握程度,由此通过"实体—抽象"的映射过程,逐层建立起学习者模块。

3. 知识领域模块

　　知识领域模块包含学习材料、规则、问题及概念,学习的主要内容囊括很多细节的知识,影响与决定学生的活动。领域知识为学生个性化学习提供数据来源,而知识领域模块是领域知识的结构化,其建模方式直接影响自适应学习内容的推荐效果。所以,建立知识领域模块要求有良好的知识结构体系,以便学生建构学科知识的认知体系。

　　通常状况下,领域知识能够表征课程、知识单元与知识点 3 种内容的颗粒度。内容之间的关系有前提、包含与并列,而各个知识单元或者知识点都应包含难度、风格与所属任务等属性。依据领域知识内部及领域知识之间的逻辑关系和逻辑层次,能够构建知识领域模块的一般结构。知识领域模块图如图 3.3 所示。

　　知识领域是整体知识层面的实体,知识实体以知识单元形式表征,知识单元由知识点数据集构成。实体关系记录了知识单元之间、知识单元与知识点之间、知识点之间的 3 种逻辑关系。

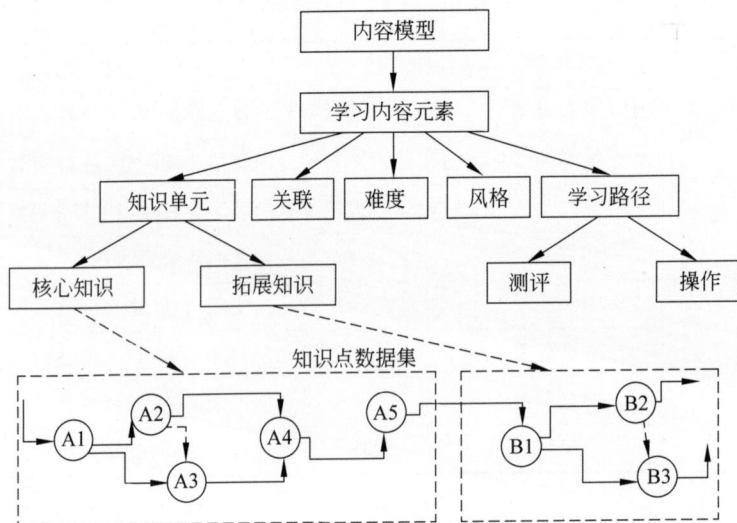

图 3.3　知识领域模块图

4. 教学模块

教学模块包含教学策略与方法,对知识领域模块产生影响,可以通过改善专家知识库,充实专家知识库相应的策略与方法,为交互模块提供策略与方法。

5. 接口模块

接口模块包含系统对学生的学习干预、彼此交互响应及系统输出功能,交互过程的信息许多都被存储到学生模块,通过接口模块能对交互模块作出干预,自适应引擎中的算法与逻辑也会影响接口模块的输出;另外,接口模块的数据一部分也能够被自适应引擎收集,用于选择更精确算法等,用来影响对学生行为的诊断与监管。

3.4.2　自适应学习是如何运行的

自适应学习的实现主要涉及模型构建与自适应学习推荐引擎两方面的核心技术。前者是系统实现的基础,后者是系统实现的动力。现有的研究成果提供了宝贵的参考借鉴,但不难发现,如今关于自适应学习的研究仍处于探索阶段,国内外提出的很多理论或者研究成果仍处于原型阶段,虽然部分系统已初步实现适应性效果,但是其个性化推荐效果还不理想,还有很多不成熟的领域值得进一步探索。

自适应学习系统中,学习者模型与知识领域模型的构建最关键,要想获取精准的推荐效果,必须系统化、多维度地建模,并且在此基础上合理建立关联规则。自适应学习系统建模不成功,究其原因主要有两方面:建模不够系统全面,规则脱离联系。

所以,必须汲取多方的系统建模与推荐算法的经验,系统地从学习风格与认知水平等多个维度综合考虑学习者模型,把有关学习者的多个维度和知识元对象特征作出多维度关联规则匹配,在此基础上探索优化的推荐算法,以提升系统的个性化学习支持服务。

依据个性化学习服务的特点及其目标,自适应学习的用户角色应包含学习者与教育者(即管理员)。基于此,系统的构建主要分为学习模块与管理模块。其中,课程学习是系统的核心模块。学习者必须经过用户建模、个性化学习材料推荐与学习材料预处理等一系列工作后,在学习工具以及系统相关服务组件支持的基础上展开个性化学习;而教育者及管理者可通过系统提供的各类管理功能组件对学习者模型、学习记录、课程内容、学习路径、学习资源等作出统一设置管理。自适应学习系统框架图如图 3.4 所示。

整个系统的运行机制主要包含 5 个步骤。

第一步,学习者初次进入系统时,首先要填写个人基本信息,完成注册。之后,学习者在系统向导指引下完成自己的学习风格和学习目标设定,包括选择性地完成学习者的学习风格量表问卷,填写学习风格自我描述、学习目标期望等内容。然后,系统通过学习者建模组件把这些信息处理后存储在用户模型数据库中,并在随后的学习过程中不断进行动态调整。

第二步,在学习过程中,系统的学习记录器实时记录学习者访问页面的序列、学习材料、访问时间等信息,并且即时更新用户学习记录数据库。

第三步,教育者依据学习者的学习目标与教学结构,通过管理组件定义知识元对象结构、教学策略、学习资源等,建立知识领域模型,并且把这些信息存储在数据库中,为后续系统推荐服务提供数据支持。

第四步,依据学习者目前的学习状态,通过提取模型特征以及其关联规则动态对知识元对象、颗粒化学习资源作出匹配,形成知识点学习序列,然后通过材料预处理组件重组

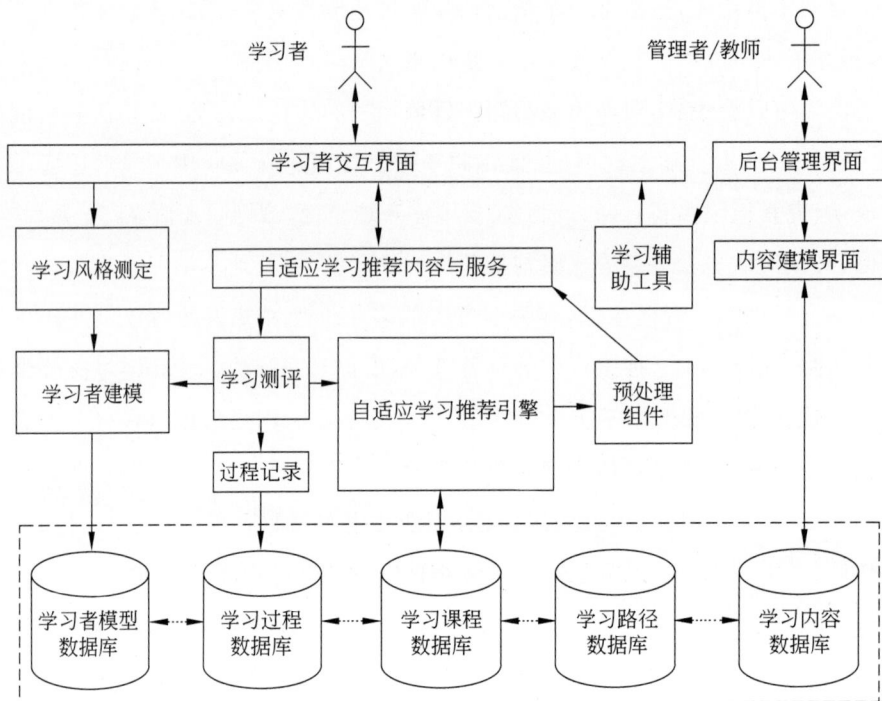

图 3.4　自适应学习系统框架图

这些学习序列,并且在学习工具与系统相关服务组件的支持下供学习者个性化学习。

第五步,学习者每学完一个知识单元后,都要完成系统动态呈现的评测。之后,系统会通过学习者建模组件分析学习者测评分数,并且及时更新用户模型数据库,为进一步的个性化推荐服务提供参考依据。

学生能够依据自己的学习风格与学习目标自主选择用户界面的多项功能进行学习,如阅读教师指南,阅读教科书,做笔记,绘制因果图,测验结果。

并且,系统包含两个动态教学辅助,其中一个是机器人助教,另一个是真实的教师。学生进行学习测试的过程就是机器人助教学习的过程,如学生参加测验、考试、询问等,若测验结果很好,就表明学习效率高,可以使学生产生较强的自信感。学生与机器人助教在学习过程中遇到困难时,能够向真实的教师提问与咨询,然后教师对学生与机器人助教提供帮助与指导,如图 3.5 所示。

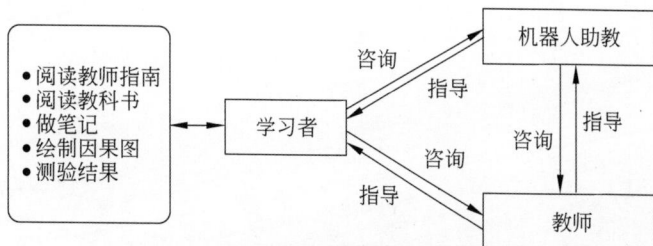

图 3.5　学习者与教学辅助交互模型

机器人助教也能够向学生咨询问题,学生通过绘制数据模型去教机器人助教正确的关联逻辑。最后,两个教学辅助都能够监视和指导学生学习。三者的交互是一个反复联通与持续改进的过程,帮助学生学习建构准确的数据模型,提升解决问题的能力。

3.5　自适应学习的两大核心:系统模型和自适应引擎

自适应学习系统通常包含两大核心部分:系统模型和自适应引擎。系统模型又包括学生模型、领域模型、教学模型和接口模型。

自适应学习系统调用学生模型中的相关信息,依照自适应引擎提供的适应性规则,从教学模型中自适应不同的学习路径,并从领域模型中提取学习对象,按照接口模型要求的特定媒介形式呈现给不同的学习者,最大限度地满足学习者的个性化差异。

美国匹兹堡大学信息科学学院的 Peter Brusilovsky 最早提出了一个自适应学习系统的通用模型。面向服务的自适应学习系统参考模型如图 3.6 所示。

3.5.1　自适应学习系统参考模型

自适应学习系统参考模型由 4 部分构成。

第一部分是学生模型,又称用户模型(user model,UM),代表学生特征,实时测评每个学生在每个知识点上的能力水平,描述每个用户的知识、倾向及兴趣爱好等信息,并通过统计分析方法推算和量化学生在其他相关知识点的能力水平,实时持续地测评学生在每个知识点上的水平。学生模型描述用户的个体特征,如学生基本信息描述(姓名、性别、

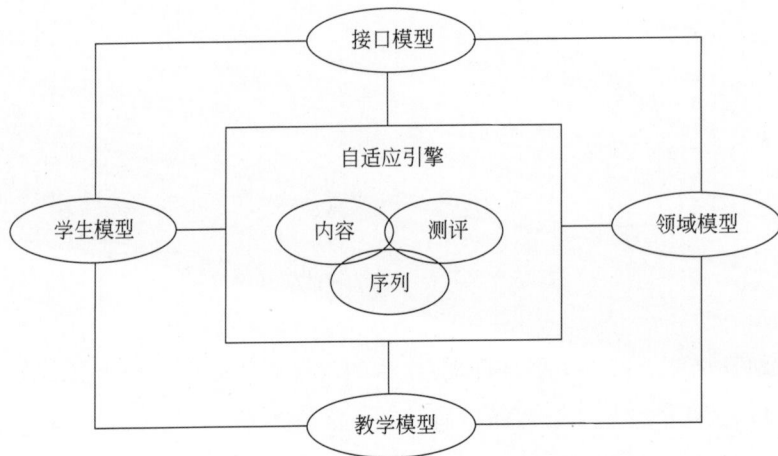

图 3.6   面向服务的自适应学习系统参考模型

出生日期、电话、电子邮件、受教育水平、职业等)、学习风格、认知水平与兴趣爱好等。

　　如今较常见的一些用户模型考虑因素较为单一,有些单从用户认知建模,如基于神经网络的学习者模型只从用户兴趣偏好建模。从学习风格与认知水平两方面构建学习者模型相对更合理、完备,为系统向用户推送学习资源的精确度提供了保证。

　　第二部分是领域模型,描述领域知识结构,建立详细的学习内容的知识点结构图,包括概念和概念间的联系,各个概念能够有不同的属性,且具备相同属性的概念能够是不同的数据类型。系统并不知道学生要学习什么,所以得为系统作出知识图谱,放到系统里去。概念间的联系是指联系两个或者更多概念的对象,存在唯一的标识值与属性。

　　领域模型是自适应学习系统依据用户模型进行知识的自适应呈现的前提。系统通过对领域模型的设计,明确各知识点之间的关系,实现知识点的结构化,从章、节、知识点与学习对象 4 部分设计领域模型,其中学习对象本体描述知识点的各类属性映射实体,包括与用户模型相匹配的媒体类型、抽象系数、活动序列、呈现顺序等属性,然后利用本体技术实现领域模型的构建。领域模型的设计规范样例如图 3.7 所示。

　　第三部分是教学模型,定义了学生模型中的信息访问领域模型各个部分的规则,以及如何修改用户模型的一套规则,这些规则体现出对课程的教学设计的思想。教学模型记录学生的学习过程(如学生访问学习资源的媒体类型、学习时间、访问次数等),根据每个

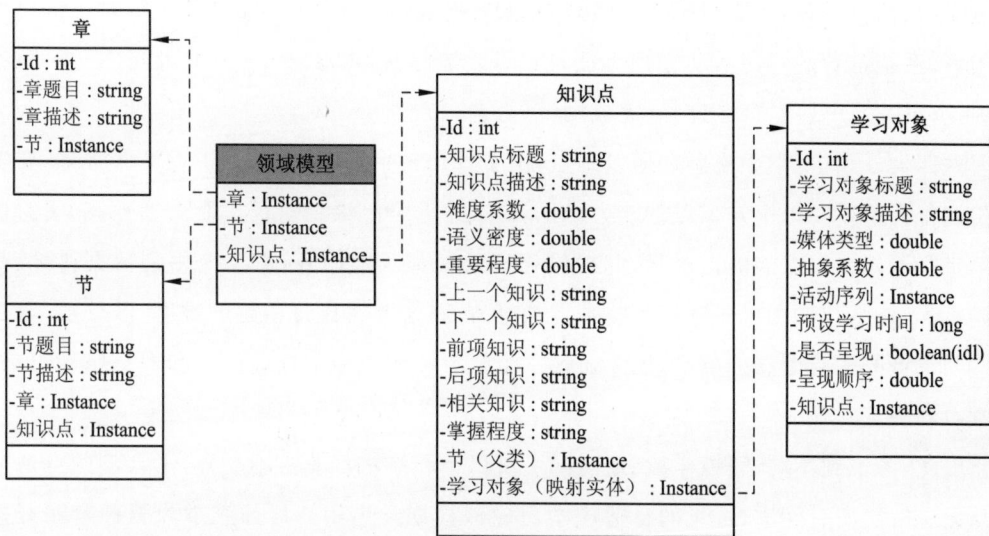

图 3.7 领域模型的设计规范样例

学生的最新能力水平提供相应的反馈,并匹配最合适的学习内容。根据对学生在每个知识点的能力水平的匹配,找出最适合学生下一步学习的内容。并且,系统能够依据用户的学习历史记录不断地更新学生模型。

第四部分是接口模型,该模型根据学生模型、领域模型、教学模型通过自适应引擎实现内容、导航和学习活动序列 3 方面的适应性呈现。

系统依据用户的学习风格呈现出不同的媒体类型(如视频、图片、文本等)、具体或者抽象的学习材料;依据学习风格、认知水平以及兴趣爱好等划分为全局性导航与局部导航,其中,全局性导航主要由领域知识树形结构呈现。通过树形结构能够展示出课程的完备知识体系,并且通过学习状态标记表明目前学生对知识的掌握状态。

通过全局性导航,每个学生都能够明确自己目前所学材料在知识体系中所处的位置及自己对课程知识的掌握程度,从而避免了信息迷航与对学习状况模糊不清的情况。而局部导航为学生提供了知识概念图,可以清楚地展现目前知识点的相关知识、先前知识、后向知识,便于学生从上到下学习;学习活动序列是系统依据学生的学习风格适应性推荐学习序列。如对于活跃型学习者,系统推荐的学习活动序列可能是:参与讨论(必选)→

阅读学习材料(推荐)→个案研究(推荐)→做练习(必选)→完成测试(必选);对于沉思型学习者,系统推荐的学习活动序列可能是:阅读学习材料(必选)→个案研究(必选)→参与讨论(推荐)→做练习(必选)→完成测试(必选)。

这四大模型中,学生模型是研发难点,由于每个学生都不一样,知识点又非常多,要实时检测每个学生在每个知识点的能力水平,是一个非常复杂的过程。要做到动态、实时监测学生在不同知识点的能力水平,并提供相应反馈和匹配内容,需要应用到数据科学、教育测量学、标签技术和机器学习等技术。内容方面,还要考虑每道题的难度、区分度,以及某些知识点的先验信息。最后,还要通过一个数字化的程序把这些内容和数据呈现出来,与学习者交互。

因此,考虑到不同学科、年段、地区的考试风格和侧重都非常不一样,平台型的自适应产品无法解决所有问题,真正的自适应学习应该根据学生用户群体和学习目标定制开发学习产品。

3.5.2　以学习者模型及建模方法为例

学习者模型是自适应学习系统的核心组件,是自适应学习系统实现自适应学习支持的基础。这四大模型中,学习者模型最复杂,也最重要。自适应学习的根本是学生的自适应。若无法建立有效的学习者模型,则不能依据学习者的特征实现学习的适应性。

学习者模型是对学习者特征的抽象表示,是实现自适应学习的关键,它包含了学生的基本状况、学习目标、学习风格、背景知识、知识状态、学习经历、学习动机等个人信息,为实现自适应学习提供了基础。这些学习者特征数据大体分为 5 类,见表 3.4。

表 3.4　学习者特征数据

类别	组 成 部 分
学生描述	姓名、性别、出生日期、电话、电子邮件、受教育水平、职业
学习风格	信息加工(活跃/沉思)、感知(感悟/直觉)、信息输入(视觉/言语)、内容理解(序列/综合)
认知水平	背景知识、知识熟练程度、认知能力(识记、理解、应用、分析、综合、评价)
兴趣偏好	偏好资源类型(图像、动画、音频/视频、文本)、偏好资源时间、参与讨论主题、关注知识点
学习历史	学习路径、学习资源类型、停留时间、浏览次数、练习次数

第一个重要的数据是学生描述,包括姓名、性别、出生日期、电话、电子邮件、受教育水平、职业等学生初始信息的描述。学生的人口学与社会文化变量的差异是客观的,如语言的丰富度与成熟度,家庭核心成员的社会背景和终身学习习惯等,可能影响学生的学习结果与最终成就。

第二个重要的数据是学习风格。在所有学习者特征中,有关"学习风格"的研究最多,也最复杂。

此概念最早由哈伯特·塞伦为研究学习者个性化差异在 1954 年提出,之后很快引起人们的重视,吸引了众多学者、专家展开研究,至今已有 30 多种相关的理论与模型问世。

不过,到现在为止,学习风格还没有一个统一的定义。虽然对学习风格的概念界定不统一,然而对学习风格的特征认识基本是一致的,即学习风格具备独特性、稳定性,兼有活动与个性两种功能。学习风格除了表现在信息加工过程中,还表现在学习者个体对生理的、心理的与社会的等方面刺激的偏爱。

研究者们依据各自对学习风格的理解,从不同的角度与层面对学习风格展开了阐述。

有些研究者从学习风格包含的要素的维度对学习风格展开了解析,从学习风格要素的某个单一维度对学习风格作出划分。例如,从人们偏爱的感觉通道把学习风格分为视觉型、听觉型、触觉型、小组型、个人型与动觉型。

有些研究者从认知风格探讨学习风格,如场依存与场独立理论;有些研究者从学习的不同阶段对学习风格作出了分类,从经验学习的角度把学习风格划分成发散者、同化者、聚合者、顺应者 4 类;有些研究者从人格特质理论切入,对学习风格作出划分,较著名的是荣格的分类理论;有些研究者从整合的角度对学习风格作了研究,如对多种学习风格作了整合,构建了学习风格统一体。

另外,也有些研究者基于多元智能理论对学习风格作出分类,如开发出学习风格量表从信息加工、感知、输入与理解 4 个方面把学习风格分为 4 组:感觉型和直觉型、视觉型和语言型、主动型和反思型、序列型和全局型。

Felder-Silverman 学习风格模型(由 Felder 和 Soloman 开发了此学习风格的量表,称为所罗门学习风格量表)用于系统推断用户的学习风格,现已得到越来越多研究者的认可。大量实验数据表明,其在网络教学环境下具有良好的适用性和信效度。

依据所罗门学习风格量表,在注册系统时测试得出一个初始的用户学习风格;经过一段时间的学习,通过挖掘学习行为模式再对系统中的用户学习风格进行更新,直至符合真实的用户学习风格;根据不同类型的学习风格,适应性地向用户推荐最佳学习活动序列和学习资源。

依据不同类型的学习风格呈现出不同的学习活动序列、学习资源媒体类型、学习资源抽象程度和学习过程行为模式。

学习风格与活动序列是指为达到学习目标,系统能根据用户的个性差异给出一套切实可行的学习方案,这个学习方案整合了学习目标、学习任务、操作步骤、交互形式、评价机制等。媒体类型是指用于描述用户选择资源媒体格式时的倾向;学习资源抽象程度则是指用于描述用户选择学习事实、结构化、有序化的知识,或是选择较新的抽象的知识。

学习风格有关的行为模式包括登录系统(登录次数、登录总时间)、访问论坛(访问次数、访问时间、发帖量、读帖量)、测试系统(单次测试所用时间、单次测试预设时间)。

系统根据活动序列、媒体类型、抽象系数、学习次数、实际学习时间、学习预设时间等更新用户模型中的学习风格,直至与学习者的真实学习风格一致。

第三个重要的数据是认知水平。认知水平的估算主要通过学生的练习测验记录来估算出学生对某一知识点的认知水平,然后系统根据用户的认知水平推荐相应的知识资源,从而制定更加个性化的学习过程和学习目标。采用概念累积计分法估算学生认知水平,见表3.5。

表3.5   概念累积计分参考值

数值/认知水平	识记(1)		领会(2)		运用(3)	
	难度级别	回答正确	难度级别	回答正确	难度级别	回答正确
问题1	0.8	√	0.8	√	0.3	√
问题2	0.9	√	0.5		0.2	
问题3	0.8	√	0.3	√	0.1	
平均难度级别	0.83		0.53		0.2	
实际累积计分		3		4		3
参考值	3		6		9	

　　第四个重要的数据是兴趣偏好,包括偏好资源类型(图像、动画、音频/视频、文本)、偏好资源时间、参与讨论主题、关注知识点等有关学习者学习过程中表现出来的偏好数据。学习者的很多兴趣偏好会明显影响他的学习效果,如对某类知识的厌倦,或积极性、信心等。有许多种非介入性的措施能够推断学生的状态并改变教学环境,以适应不同需求。

　　第五个重要的数据是学习历史,包括学习路径、学习资源类型、停留时间、浏览次数、练习次数等学习行为数据。学生初始知识、能力的差异是真实的且常常很大,对后续环节的影响强而有力。但许多系统中的教育方法却无法很好地服务于多样化的学习者人群,也有许多人(如认知符号学的研究者)认为初始知识是学习唯一重要的决定因素。

　　学习者在实际学习过程中会产生多维度的行为数据,且学习数据的产生具备并发性。所以,必须整合心理与行为数据展开统筹分析,刻画学习者数据化模型。为此,根据个性化心理学、学习分析与个性化学习理论,在学习计算视域下提出了数字化学习环境的学习者数据模型,如图 3.8 所示。

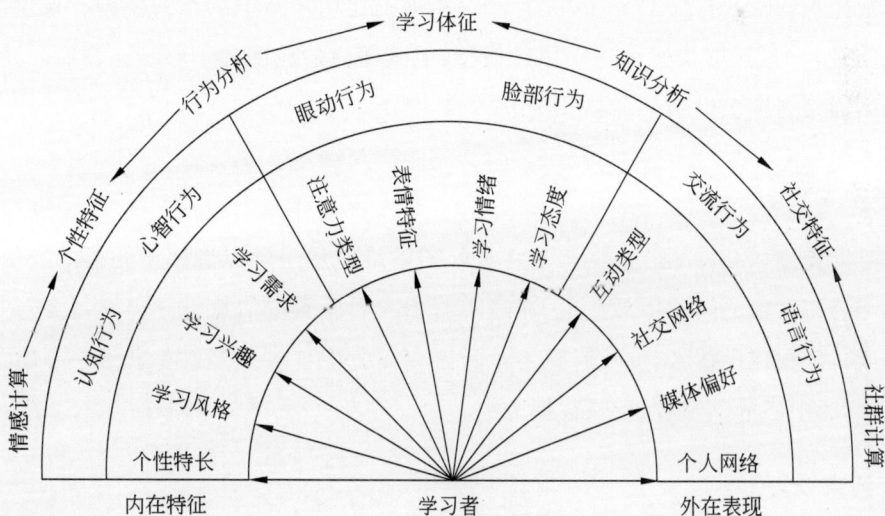

图 3.8　学习者数据模型

　　该模型以学习者为中心,以个性特征、学习体征与社交特征作为个体特征识别,以认知行为、心智行为、眼动行为、脸部行为、交流行为与语言行为作为行为数据源,通过情感计算、行为分析、知识分析与社群计算解析出以个性特长、学习情绪、个人网络等为代表的个性化学习特征。

在各类自适应学习系统与智能导学系统中,因为建模角度不同,学习者模型的建模方法也多种多样。以下是对几种典型学习者模型建模方法的总结。

1. 覆盖模型

覆盖模型(overlay models)、微分模型与摄动模型都是基于学生知识建模的。在建模方法上,微分模型与摄动模型是基于覆盖模型的。它们之间存在相似之处,也存在一定的差异。

假设学生行为与专家行为的不同是由缺乏技能造成的,所以将学生知识简单看作是专家知识的子集,其中的学习者模型是通过把学生的行为同专家相比较建立的。

2. 铅板模型

铅板模型(stereotype models)是一种简单的描述用户知识状态的模型。该模型虽然较容易实现,并且能够快速地建立用户模型,但其适应的粒度却不够细。在实际建模中,铅板模型通常与覆盖模型结合起来使用。

3. 贝叶斯模型

贝叶斯模型(Bayesian models)是将贝叶斯网络应用于学习者模型建模的方法,可以编码学习者知识项之间的因果关系,通过不断加入后验数据信息推导出学习者对知识的掌握程度。依据建模技术,贝叶斯网络学习者建模分成3种类型:专家为中心的学习者模型、效率为中心的学习者模型、数据为中心的学习者模型。

4. 约束模型

约束模型(constraint based models)认为学习者求解问题时达到的问题求解状态能够反映出学习者所犯的错误。约束模型和其他学习者模型有区别,其他模型是在学习者的求解路径中运用的运算上"发现"学习者的错误。

以上各类学习模型的建模方法各具优缺点。学习者模型设计规范样例如图3.9所示。

测试知识点
-Id : int
-知识点 : Instance
-测试题 : string
-知识点等级 : int
-难度级别 : double
-选项 : string
-正确答案 : string
-测试预设时间 : double

掌握程度
-Id : int
-用户Id : string
-知识点 : string
-知识等级 : string
-平均难度级别 : double
-理想分数 : double
-实际得分 : double

认知水平
-测试知识点 : Instance
-掌握程度 : Instance

用户模型
-学习风格 : Instance
-认知水平 : Instance

行为模式之登录系统
-用户Id : string
-登录次数 : int
-登录时间 : Date
-退出时间 : Date
-访问总时间 : long

学习风格与活动序列
-Id : int
-风格维度 : Instance
-学习活动 : Instance
-呈现顺序 : int

学习风格与媒体类型
-Id : int
-风格维度 : Instance
-媒体类型 : Instance

学习风格
-活动序列 : Instance
-媒体类型 : Instance
-抽象系数 : Instance
-行为模式 : Instance

行为模式之访问论坛
-用户Id : string
-访问次数 : int
-登录时间 : Date
-退出时间 : Date
-访问总时间 : long
-发帖量 : int
-读帖量 : int

学习风格与抽象程度
-Id : int
-风格维度 : Instance
-抽象程度 : Instance

行为模式之测试系统
-用户Id : string
-开始测试时间 : Date
-单次测试时间 : long
-测试预设时间 : long

学习风格行为模式
-登录系统 : Instance
-访问论坛 : Instance
-测试系统 : Instance
-学习资源 : Instance

行为模式之学习资源
-Id : int
-用户Id : string
-媒体类型 : string
-抽象系数 : double
-学习次数 : int
-初始时间 : Date
-结束时间 : Date
-学习总时间 : long
-预设学习时间 : long

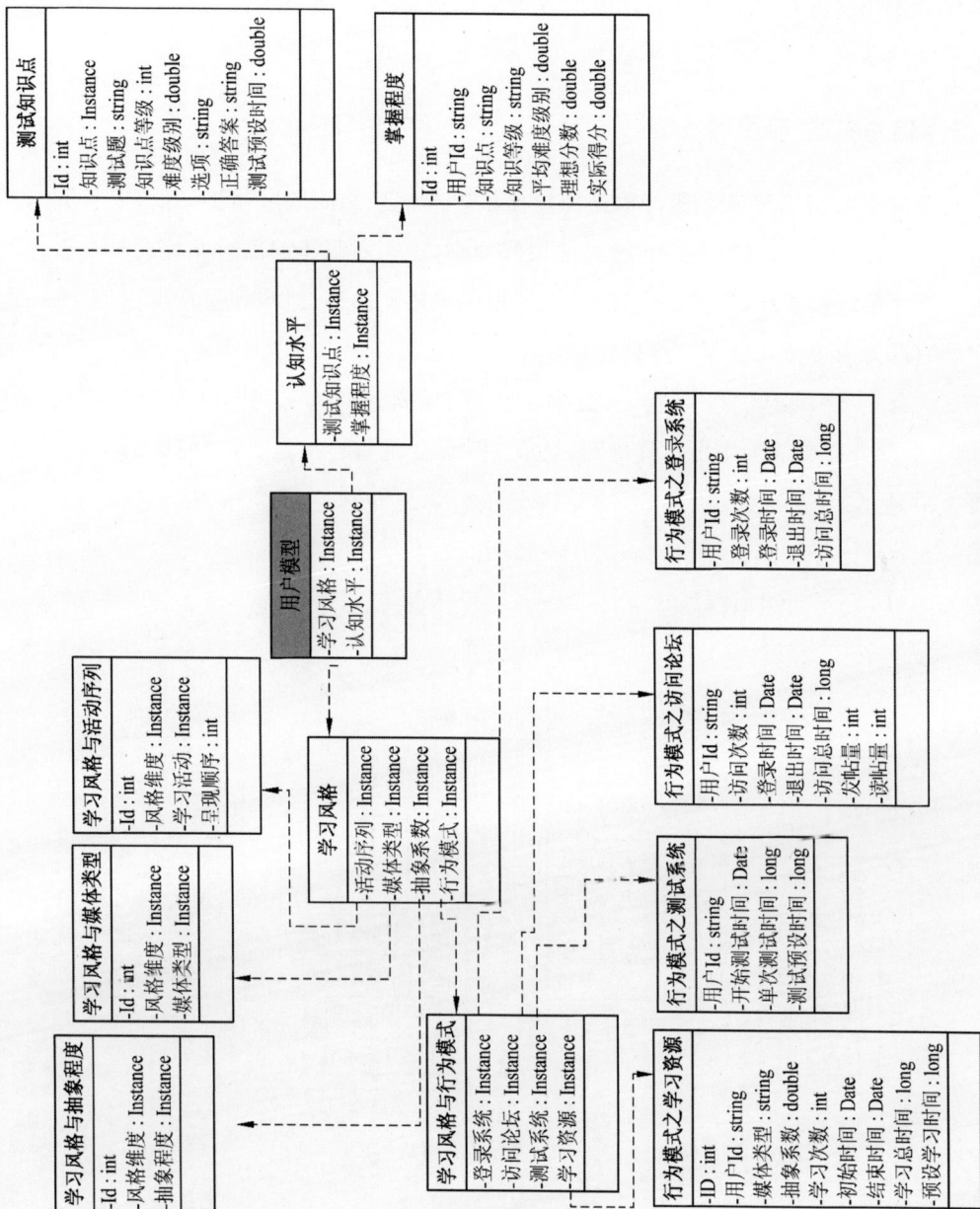

图 3.9 学习者模型设计规范样例

在自适应学习系统中的学习者模型建模时应给予充分考虑,扬长避短。与此同时,还能够结合使用各类有效的计算机算法或者人工智能技术,共同完成学习者模型的建模与学生特征的获取。

3.5.3　自适应学习引擎分析

自适应学习引擎定义了如何根据用户模型中的信息访问领域模型中的各个部分,产生自适应动作,以及如何修改用户模型的关联规则(这些规则体现出对课程的教学设计的思想),驱动系统的实现,执行适应性规则,根据用户模型选择、组装和呈现页面,实现根据用户学习行为历史记录修改与维护用户模型。

自适应学习引擎包含 4 个模块,分别为内容、序列、测评、记录与调整呈现方式。其中,前 3 个部分需要学生作出选择确定,最后一项学生能够自主选择,也能够由系统生成,如图 3.10 所示。

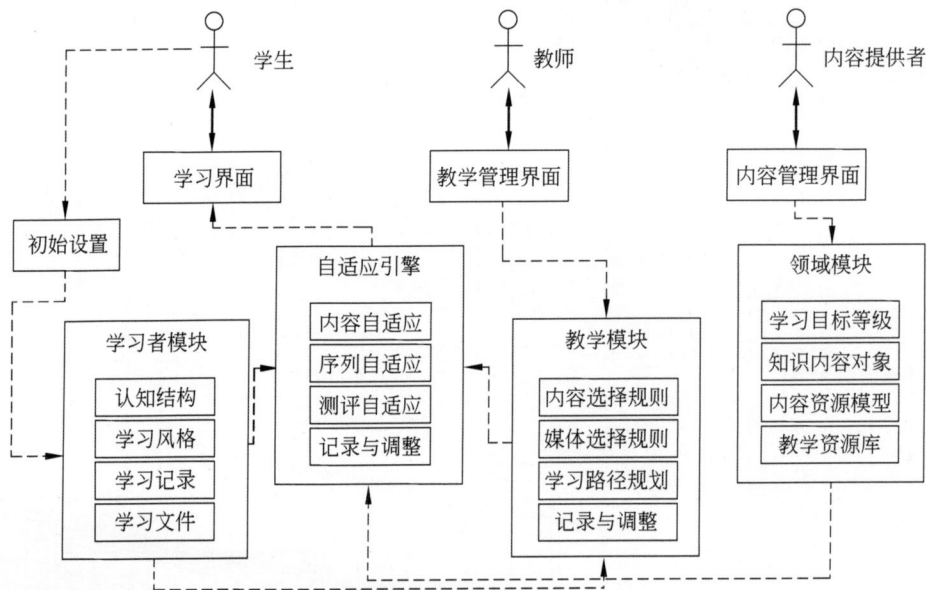

图 3.10　自适应学习引擎模块构成图

这里具体分析自适应内容的两种常见引擎:知识点间自适应和知识点内自适应。知识点间自适应常常应用于要求控制课程进度的学习场景。知识点内自适应则更多应用于不要求控制课程进度,但有丰富题库的学习场景。

"知识点间自适应"方案的核心问题是:假设有一个知识点集合,是否存在一个学习路径,使得学习者在学会前置知识点的前提下,必然可以沿着这个学习路径学会全部知识点?

例如,可汗学院构建了一张数学知识图谱,为每个知识点都刻画了一个学习路径。它的暗含假设是:若一个学习者学会了这个路径上的所有前置知识点,他必然能够通过练习学会这个知识点。所以,只要按图索骥,就能够避免 Khan 所担心的知识网络"奶酪式"成长的问题。

由于知识图谱上的学习路径是唯一的,可汗学院的自适应仅局限于对学习速度的自适应。若学习者 A 花了一周还没有学会用几何法求解空间二面角,则他应当花更长的时间巩固这个知识点,直到掌握。若学习者 B 花了一天时间就学会了,则他应当继续去学别的知识。这相对于统一步调的课堂教学而言,的确是一个实质性的改进。可是,可汗学院式的知识图谱无法针对学生掌握水平分布作出自适应。若学习者 A 不擅长几何思考,可是熟练地学会了空间直角坐标系,为何他不能通过空间直角坐标系解决这个问题呢?

上述例子展示了绘制知识图谱面临的巨大挑战。知识图谱是否只有一种画法?同一个知识点是否只有一条路径?ALEKS 从理论上为这两个问题提供了解答,即知识图谱不仅只有一个,通往同一个知识点的路径也不仅只有一条,能够学会所有知识点的可行路径依然存在。可是,可行路径的数量级也许在千万级。

仅仅有知识图谱尚不充分,系统还需要对学习者在各个知识点上的掌握程度作出诊断。掌握程度之所以难以得出,是由于它是一个不可见的抽象构架。学界与业界对于该如何定义"掌握"存在相当大的分歧。例如,旧版的可汗学院用了最简单的"连对 10 个就算掌握"的规则。Duolingo 也运用预测正确率作为用户掌握某个词汇或语法的根据。从智能教学系统科班出身的自适应系统,如卡耐基学习出品的 CognitiveTutor 或 Knewton,都运用结构模型定义掌握程度与做题结果的关联,并且抵消题目特性对掌握程度推断的影响。例如,75 分到底是掌握水平高,还是掌握水平低呢?若平均分是 60 分(题目偏难),75 分大概说明学习者的水平相当不错;若平均分是 90 分(题目偏易),75 分大概说明学习者的水平相当糟糕。

知识点内自适应系统的核心问题是：假设有一个题库，是否存在一个练习路径，使得学习者以最少的做题量达到某个预先指定的熟练程度？

这里有两点值得强调。

第一，这个问题和传统上的计算机辅助测试（computerized adaptive testing，CAT）（如 ETS 的 TOEFL 与 GRE）有本质区别。CAT 的问题是，假设被试者能力不变，给定一个题库，是否存在一个测试路径，使得系统以最少的题量将学习者能力估计到某个预先指定的熟练程度。由于 CAT 从根本假设上否定了通过练习展开学习（learning through practice）的概率，所以运用 IRT/CAT 作推荐引擎的知识点内自适应学习产品都有一点"挂羊头卖狗肉"的嫌疑（可是，知识点间自适应系统却不存在这个问题）。

第二，这个问题和传统上的协同推荐算法（如淘宝）有本质区别。协同推荐的问题是，假设每个用户的偏好不变，可是用户之间的偏好不同，是否存在一个办法能够通过用户的行为对用户作出分类，并且就此为每个类别的用户提供更适合其偏好的产品或者服务。和 CAT 系统一样，协同推荐算法从根本上否定了学习的概率，所以其推荐逻辑不具备教学逻辑。由于有与你类似做题记录的学习者做错了这道题，因此你也应当试试这道题。这是一个非常糟糕的教学逻辑（若有任何教学逻辑）。

知识点内自适应可以说是一个还有待进一步研究的领域，在此仅阐述一个理论框架。

一个描述动态学习的系统首先要定义什么叫"学习"（learning）。一个直观的办法是把学习与掌握程度（mastery）联系起来，把其定义为低掌握程度到高掌握程度的转换概率。每个掌握程度由一套可观察的表现定义。例如，给定一道题，90 分以上是精通，60～90 分是掌握，60 分以下是未掌握。学习能够定义为从"未掌握"到"掌握"的概率（渐悟），也能够定义为从"未掌握"到"精通"的概率（顿悟）。这不是唯一的定义方法，但或许是最简单，又不失普遍性的定义方法。

定义了学习，就能够定义"学习差异性"（learning heterogeneity）。差异性是构造自适应系统的根本原因，否则最优的教学方案会是千人一面，而不是千人千面。学习差异性能够抽象成：水平差异性，目标是"精通"，题目对于一个"未掌握"与"掌握"学生的效果应当不同；速度差异性，目标是精通，起点是"掌握"，题目对于一个快速学生与慢速学生的效果应当不同。

若接受这套定义,接下来有两个重要的实际问题必须回答:

(1) 上述定义系统中的参数是否能够被数据确定?

(2) 若确定了这些参数,如何构建一个推荐逻辑?

遗憾的是,研究表明,问题(1)的答案或许是否定的。只有在特定的题目顺序结构下,题目的参数与用户的类型才能被确定。可是,若忽视速度差异性,问题(1)的答案或许是肯定的。

问题(2)与其说是一个技术问题,不如说是一个教学问题。推荐逻辑应当由“测评—教学”的两步循环构成。在测评环节,练习推荐侧重于题目的区分度与测量精度,并且就此区分用户的不同类型;在教学环节,依据学习者类型,练习推荐侧重于题目的教学效果。在下一个测评环境,练习推荐再次测试学习者的水平与类型,如此循环往复,直到学习者达到指定的熟练程度为止。

另外,练习推荐也应当注意用户留存的影响,若学习者不是持续地、投入地练习,无论推荐逻辑多优秀,也不能展现其应有的效果。

3.5.4　自适应引擎工作流程

在自适应过程中,自适应学习引擎分别从学习者模块数据库与知识领域模块数据库中提取学生和其领域知识对象的特征信息,然后转换为数值组合形式,并且通过关联规则计算其特征相似度值,最后依据计算的相似度值(该值越大,说明知识对象越适合学生目前的需求)向学生推荐适合其个性需求的知识对象集。

在学习过程中,学生通常必须在学完某个知识单元后进行测评,系统根据其测评分值实时更新学生认知水平参数。自适应学习推荐流程图如图 3.11 所示。

自适应学习系统核心值:系统的输入项(用户信息、学习风格与认知水平对象特征值)数据矩阵与推荐知识对象数量的最大值 N。

第一步,判断当前学生是否为系统注册和登录用户,并从学习记录数据库提取学生上一次学习过程中遍历的知识点序列信息,按访问时间的先后顺序将这些信息存储在循环队列中。判断队尾元素的属性值,即上一次学习的最后状态,若标记为“正在学习”或者单

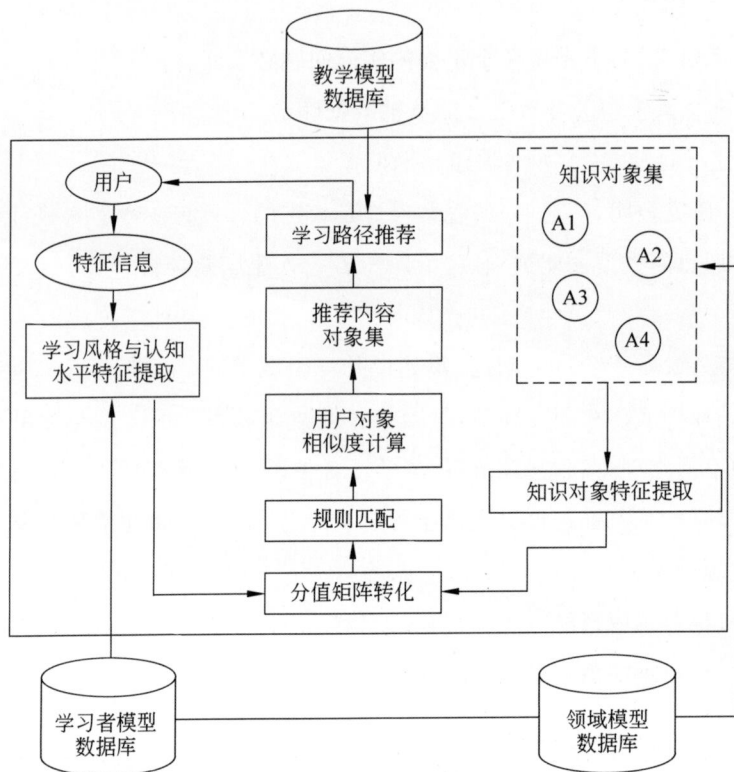

图 3.11　自适应学习推荐流程图

元考核成绩小于 60 分(分值由教育者设定),则转至当前学习对象页面,否则跳到第四步。

第二步,调用关联规则对学生与知识对象特征值匹配,按照匹配值的大小从领域知识库中提取最适合目前学生学习的新知识点信息。若关联匹配值小于 0.5,则自动退出查询。

第三步,以知识点为头指针,按照知识点间关联度的大小展开广度优先遍历或者深度优先遍历,并且把遍历结果存储在当前循环队列中。

第四步,判断学习知识点队列是否为空,若不为空,读取该队列中的对象,若该对象在当前队列中存在(说明该知识点学习过),且学生的标记状态为"已通过考核",则指针后移;否则,把该知识点对象列入学生的学习路径中,准备学习。若学习知识点队列为空,则转至第二步。

　　第五步,若学习路径不为空,系统按照推荐学习对象列表把前 N 个学习路径依次以合适的方式呈现给学生,否则就按照知识点难易程度随机输出知识点对象。

3.5.5　自适应推荐引擎的一个样例

　　为了清楚自适应推荐引擎的层次关系,引擎用可扩展标记语言(extensible markup language,XML)进行书写,示例如下。

```
<xs: engine element>
    <xs: element name="学习行为">
        <xs: complex type>
            <xs: choice>
                <xs: sub-element name="学习状况"></xs: sub-element name>
                <xs: sub-element name="学习时间"></xs: sub-element name>
                <xs: sub-element name="课件限制"></xs: sub-element name>
                <xs: sub-element name="学习伙伴"></xs: sub-element name>
            </xs: choice>
        </xs: complex type>
    </xs: element name>
    <xs: element name="学习方式">
        <xs: complex type>
            <xs: choice>
                <xs: sub-element name="PDA"></xs: sub-element name>
                <xs: sub-element name="笔记本计算机"></xs: sub-element name>
                <xs: sub-element name="智能手机"></xs: sub-element name>
                <xs: sub-element name="网络学习"></xs: sub-element name>
            </xs: choice>
        </xs: complex type>
    </xs: element name>
    <xs: element name="认知状态">
        <xs: complex type>
            <xs: sequence>
                <xs: sub-element name="认知部分"></xs: sub-element name>
                <xs: sub-element name="情感部分"></xs=sub-element name>
                <xs: sub-element name="心理倾向"></xs: sub-element name>
                <xs: sub-element name="情绪情况"></xs=sub-element name>
            </xs: sequence>
        </xs: complex type>
```

```
        </xs: element name>
        <xs: element name="学习内容媒介">
            <xs: complex type>
                <xs: choice>
                    <xs: sub-element name="文本"></xs: sub-element name>
                    <xs: sub-element name="电子词典"></xs: sub-element name>
                    <xs: sub-element name="电子教案及课件"></xs: sub-element name>
                    <xs: sub-element name="视频"></xs: sub-element name>
                    <xs: sub-element name="视频"></xs: sub-element name>
                    <xs: sub-element name="图片"></xs: sub-element name>
                </xs: choice>
            </xs: complex type>
        </xs: element name>
    </xs: engine element>
```

3.6　自适应学习的两大基础技术：算法与数据

　　自适应学习技术的发展空间巨大,它从人工智能、学习科学等多个维度深入探索教与学的方方面面,是教育技术最具影响力的发展方向之一。

　　自适应学习技术可分为两个基础的技术:一是以在线视频、在线课程、在线学习等为代表的学习信息技术,包含与学习相关的各类硬件、软件的信息技术。二是以大数据、人工智能为代表的智能自适应技术,包含教学大数据分析、学习者建模与人工智能等。

　　人工智能相关的知识库、语义网、机器学习与深度学习,以及学习者模型的内容在本章前面已经讲过,这里不再展开。这里只对自适应学习的算法和数据分析展开讨论。

3.6.1　自适应学习的算法

　　人工智能时代,算法百家争鸣。所谓算法,是指研发工程师精心设计的一套数学模型,它就像一个解决方案,描述了解决某类问题的一系列操作步骤。

　　算法是解决问题的方案,如何运用算法解决问题需要依据不同状况具体分析,而对于同一类问题,解决方案存在多种,在不同的状况下,解决方案各有优劣。因此,现阶段人工智能领域的算法层出不穷,适用的范围也不尽相同。

经典的人工智能算法已有数十种,如决策树、随机森林、逻辑回归、贝叶斯、蚁群、神经网络等,未来还会有更多。在实际应用中,解决一个问题通常会使用 1 种或者 N 种算法,如战胜李世石的 AlphaGo 运用了基于神经网络算法的深度学习技术及蒙特卡洛树搜索算法,才能实现机器在围棋上战胜人类棋手。

从自适应学习技术层面上看,自适应学习选用的核心算法主要有 K 均值聚类算法、蚁群算法、Memetic 算法、贝叶斯算法、协同过滤算法与混合算法等,而常见的推荐模式包含协同过滤推荐、基于知识推荐、关联规则推荐以及混合推荐 4 种。其中,协同过滤是推荐系统中应用最早、最广泛的模式,主要利用目标用户与邻居用户群体的相似度值确定目标用户适合的知识。

从学习风格角度考虑,有基于蚁群算法(ACS)、基于关联规则挖掘算法(IDEAL)、基于哈尼-马弗德(Honey & Mumford)的学习风格模型 INSPIRE 和基于菲尔德-希尔佛曼(Felder-Silverman)的学习风格模型 CS388、Tangow、MANIC、MASPLANG、LSAS 等。

从认知水平角度考虑,也有基于遗传算法(PELS)和基于关联规则算法(ELM-ART)的学习风格模型。

下面详细介绍使用较广泛的 IRT、贝叶斯网络和马尔可夫随机域、分层聚类等几种算法。

1. IRT 算法

IRT 算法在自适应测评中使用得较为广泛。项目反应理论将学生对测试项目的反应(应答)通过测试项目的特性参数与被测试学生的能力参数及其组合的统计概率模型表示,其中表示项目特性的参数主要有难度系数与区分度。简单来说,就是给学习者一个难度为 5 的题目,若做错了,就给一个难度为 4 的题目,若还做错了,再给一个难度为 3 的题目,若这次做对了,也许要给匹配一个难度为 4 的题目。

传统的项目反应理论一般针对问题、项目设计的相关参数,且使用过程中通常存在两大误区:一是认为学习者的能力是个常量;二是倾向于用一个参数表示学习者的能力。

考虑到能力的发展改变及多种能力之间的相互连接,自适应平台对传统的项目反应理论进行了扩展,并且从问题层级的表现对学习者的能力建模——认为学习者的能力参数会随时间而改变;并且,对学习者能力的表征不再局限于某个唯一的参数,而是通过聚焦于概念层面的知识图谱对学习者能力作出评价与表征。

例如,教师正在给一个四年级的学生上数学补习课,现场安排了一次包含十个问题的测试。在这十个问题中,两个问题很简单,两个问题极其困难,其余的都是中等难度。现在其中两个学生经过这个测试,都正确回答了十个问题中的九个。第一个学生错误地回答了一个简单的问题,而第二个学生错误地回答了一个较难的问题。哪个学生对学习材料掌握得更好呢?

根据传统的评分方法,这两个学生都是 90 分,给他们两个 A,并继续下一个测试。这种方法说明了通过测试测量学生的能力存在一个关键问题:测试问题没有统一的特征。那么,如何在衡量学生的能力的同时解决问题的差异带来的影响?

IRT 运用问题级别性能指标,而不是聚合测试级别性能指标来构建学生能力模型。IRT 并不假定所有问题都等同于我们对学生能力的理解,而是对每个问题能为学生提供的信息,给出了一个更细致的研究。它建立在这样的前提下,即对测试问题的正确反应的概率要建立在诸如人的潜在特性或能力和项目特征(如难度、易猜性和主题的特殊性)等参数的数学函数之上。

由 IRT 模型生成的两个项目反应的函数曲线说明了 IRT 模型如何将学生的能力与正确回答问题的概率关联到问题的难度、水平区分和"可猜测性"上。并且 IRT 模型是时效性的,通过一个单一的能力测量帮助我们更好地了解学生的测试表现与其能力的关系。

2. 贝叶斯网络和马尔可夫随机域算法

贝叶斯网络和马尔可夫随机域允许数据科学家编码和操纵多维数据集的概率分布,其中存在数百,甚至数千个变量。换句话说,分析人员构建一个效果的复杂模型,可将他们观察到的许多学习活动与对推荐有用的测评相关联。

通过学生已经掌握的内容预判他可以掌握的其他内容主题。例如,构建模型帮助平台发现在什么程度上掌握分数能帮助学生掌握小数,以及在多大程度上掌握小数有助于学生掌握指数。数据科学家可以据此确定掌握分数和掌握取幂之间的关系。最终,通过发现这些类型的关系数据,将会使自适应学习平台不断地改进其学习推荐水平。

3. 分层聚类算法

在数据挖掘中,层次聚类是一种分析方法,旨在构建聚类的层次结构。该技术用于检测大组数据中的潜在结构,并构建算法,确定学生应如何分组以及应将哪些功能分组。这种技术的实现允许教师按照学习水平的层次对学习同一材料的学生进行分组。

3.6.2　自适应学习需要什么样的数据

自适应学习系统需要的可能不是大数据,而是"小数据",一些很细微的数据。例如,题目回答的对错,在题目上停留的时间等。有些数据很难精确地测量,如停留的时间,系统记录的是 5min,可是学习者可能在学习期间去干了别的事情,而系统还在计时。当然,这些"小数据"无论在数量、维度上,还是在完备度上,都达到了大数据所要求的量级。

这些数据主要包括与内容、学习和用户相关的三大类数据。

例如,自适应系统首先需要把学习材料输入系统中,有些公司做 Excel 表,通过知识图谱定义问题对应的知识点,然后将对应的知识点定义到系统中。有些公司会专门做一个网站入口,能够建立内容之间的关系,并将其输入系统中。这是一个很耗时的过程,有些机构想尝试把输入做得更自动化一些,但如今这个技术还不够完善,随着技术的发展会有更自动化的技术使得输入成本降低。

另外,被推送的题目需要打上相应知识点标签,而且刚开始还需要人工打标签,慢慢地,系统会自动打标签,数据也会越来越精确。并且,标签的类别很多,最重要的标签除了难度之外,还要让系统知道不同内容的相互关系。在内容上,打标签能够过滤一些内容,让学习者去学更适应的材料。

当一个问题含有多个知识点时,就需要将问题细化到每一个相关的概念。还有一种方法就是出题目,每个选项代表不同的知识点,学习者选不同的选项,就能够代表学习者哪里没有掌握。

另外,还需要对知识点标签进行分阶,学习是一个试错的过程,要让学习者知道学习的内容,自己在完整的学习过程中处于什么位置。就像小孩坐车,时间相当长的话,他就会问还有多久到,要到哪儿。

一个大学课本也就十多个主要的概念,但是根据不同需要能够生产无数的需求组合,这意味着,各个知识点能够按照需要进行划分。因而,确定知识点的颗粒度,需要掌握平衡原则。

系统除了要对内容进行建模,对知识点作出分类,还需要一个有效的测评机制来找到更优的排序算法,而这需要有专门的数据团队去做实验,研究现今的推荐机制下,学习者的成绩能够提升多少,以此验证算法是否有效。

例如,Knewton 系统数据如今已能实现从幼儿园到高中多个学段的跨越。一个能够实现的场景是:一个学习者在高中一年级时做错了一个题目,系统会判定他是否需要巩固小学二年级的内容。要做到这一点,就要做一个很大的知识图谱,这个知识图谱要涵盖幼儿园到高中全部年级,并且建立各知识点之间的关系。另外,教师与学校也可运用 Knewton 系统,由教师与学校提供适合的内容,作出与自己班级和学校自适应的系统。

系统还可提供数据给教师与学校管理人员,这样,教师就能查看学习者在学习过程中各个知识点掌握得怎样,还能够预估分数,看学习者以如今的水平参加考试会得多少分。

虽然数据挖掘是一个有长期积累的计算机学科,但教学数据分析却是一个较新的领域。教学数据分析是开发探索来自教育环境的独特数据类型的方法,用这些方法可以更好地理解学习者与学习环境。虽然早期的研究来自数据挖掘与知识发现的传统教学,然而因为教育数据的具体特征不同,应用的方法也不同,且教育数据经常是嵌套的(学习者隶属于班级,班级隶属于学校),即教育数据是多层次结构的一部分;并且对学生与学习环境的理解涉及大量心理学、教育学与学习科学的范式和规律,与传统数据挖掘应用领域大大不同。因此,教学数据分析是一个很有挑战的新领域,也是自适应学习的最大的挑战之一。

自适应学习的教学数据分析的方法基本上分为 5 组。

第一组是预测,目标在于把相对独立的变量(预测变量)组合在一起,推测数据的单一方面(因变量或者结果变量)。在解释对结果变量的预测时,预测方法能够关注哪些特点或者变量更重要,也能够关注预测调节性或者中介性的因素。较常见的有 3 种预测方法:特征分类、回归分析与离散性分析。

第二组教学数据分析方法包含聚类方法。它的目标是找到能够形成自然分组的数据点(如学生、学生特征、学校、学习者行为等)。

第三组教学数据分析方法包含关系挖掘方法,重点是在大量变量数据组中发现变量关系及其关系程度。这类挖掘的实施能够通过关联规则挖掘,通过相关性挖掘,通过序列模式挖掘,或通过因果关系挖掘等不同模型实现不同目的。

第四组教学数据分析是模型发现法。首先开发验证模型,再把其作为另一轮分析的输入,如预测挖掘。在教学数据分析中,模型发现法越来越有效。

第五组教学数据分析方法包含文本挖掘方法,如文档分类、教育材料的知识抽取、解析评价系统内部或者开放平台上的讨论和交互文本等。测评体系中的题目的知识点抽取或者分类可算作其中一种应用。

3.7　一个开源的自适应学习系统

长期以来,基于自适应学习(adaptive learning)原理开发的智能教学系统,被认为是提升学习效果的有效工具。然而,一直没有任何类型的自适应学习系统完全开源开放,这对有兴趣参与自适应学习教学与开发的教师与程序员来说,如平步登天,不能得其门而入。

美国加州大学伯克利分校的扎卡里·帕尔多斯(Zachary Pardos)等几位学者,用Python 语言构建了一个专为学习科学研究社区而设计的开源自适应教学系统,名为"开放自适应教学系统"(open adaptive tutor,OATutor)。

扎卡里·帕尔多斯认为,在开放源代码的全功能教学系统和内容库的平台设计领域中,OATutor 系统的开源性质更能培养信任,鼓励更广泛的学生、教师和机构使用,同时让研究与应用加速。OATutor 系统开源的可贵之处在于,以开放平台的形式,将开放的资源、数据集和算法组合在一起,完全开放开源,这种情况很少见。

这并不是说,网上就完全找不到开源的自适应教学平台,只是它们完全不开放或仅部分开放。比如,Cognitive Tutor's Geometry 1997 的数据集是公开的,但其系统本身并不开放,所以不能自由使用;ASSISTments 是一个开放平台,鼓励外部研究人员在不同的基于内容的方法上运行 A / B 实验,但不发布其平台的内容,也不发布其代码库。

完全开源的自适应系统中,又有些功能不全(见表 3.6),只实现了 ITS 功能的一小部分。这些系统中大多数已经实现了即时反馈和提示(如 LogicITS、Joots、ThesisITS),但只有 ThesisITS 有一个文档化的内容抽象或创作工具,允许内容扩展超出硬编码的示例问题。CalcTutor 只提供了带有答案检查的整合和区分问题的生成过程。GnuTutor 和 GuruTutor 是仅有的附带论文的项目,项目源自过去专有的基于话语的导师界面。

表 3.6　网上公开发布的开源自适应学习系统

开源系统名称	开源许可证	开发语言	是否支持创作	自适应算法	A/B 测试
OATutor	MIT License	Python	支持	有	支持
CalcTutor	Apache 2.0	Python	不支持	没有	不支持
GnuTutor	GNU GPLv2	C#	支持	没有	不支持
GuruTutor	Apache 2.0	F#	支持	没有	不支持
Joots	GNU GPLv2	Java	不支持	没有	不支持
LogicITS	GNU GPLv3	Java	不支持	没有	不支持
ThesisITS	Apache 2.0	Java	支持	没有	不支持

在众多开源自适应教学系统中,OATutor 堪称独树一帜。它坚定地遵循了智能教学系统的大部分原则,并在掌握技能情况评估和相应的教学调整方面表现出色。OATutor 的掌握学习评估能力基于知识追踪,同时具备 A/B 测试功能,这使得它在教育系统中备受瞩目。Canvas 等知名教育系统都对其青睐有加,并借助学习整合系统(learning technology integrated system,LTI)支持,为学习科学领域的快速实验提供了有力支持。

在一家社区学院的数学课堂中,OATutor 展现出了惊人的教学测试成果。经过五个学期的九门课程的教学测试,讲师们的反馈为系统的迭代和改进提供了宝贵的参考意见。而系统的特征列表更是见证了 OATutor 在教育领域的卓越表现。此外,OATutor 的开源版本更包含了针对数学三个不同层次的综合自适应内容,这些课程用例均源自备受赞誉的 OpenStax 数学教材。

OATutor 的独特之处在于,它能够为教学系统带来更多的可能性。通过掌握学习评估和 A/B 测试功能,教育者可以更好地了解学生的学习进度和需求,从而及时调整教学内容和方法。同时,OATutor 的综合自适应内容为不同层次的学生提供了个性化的学习体验。这种独特的教学方式将为教育领域带来革命性的变化,让每个学生都能在最适合自己的环境中茁壮成长。

3.7.1 OATutor 完全符合智能教学系统八项原则

OATutor 的开发开始于 2019 年末,系统的开放开源于 2023 年 4 月。OATutor 建立在智能教学系统(intelligent tutoring system,ITS)八项原则的基础上,并得到了多年来展示智能教学类系统的展示和有效性的文献支持,见表 3.7。

表 3.7   基于八项 ITS 原则研究的 OATutor 特征

特征	说　　明
提示	提示语在问题解决情境"(ITS 原则 3)"中提供指导语,并根据学生的要求向学生展示图形或文字。它们可以用来传达简短的陈述性信息。或者,它们可以包含对类似问题的完整解决方案,即所谓的工作示例,这已被证实对学习是有效的,特别是在任务更注重概念而不是程序的情况下
脚手架	支架类似于暗示,但包括向学生提出的一个或多个问题。最常见的是,支架是导师策略的一部分,被称为"指导问题解决",它将问题分解为多个步骤,这样做可以"沟通问题解决背后的目标结构"(ITS 原则 2)。一些研究发现这种方法比样例提示策略产生了更高的学习收获,特别是在注重程序性知识的学习任务中,而其他研究则没有发现显著差异
掌握度评估	ITS 在规定给学生的练习量上是适应性的。系统避免练习不足或过度练习的能力,取决于它能多好地估计学生对某项技能的掌握程度。知识追踪是一种基于隐马尔可夫模型的算法,用于估计 ITS 中每个技能的认知掌握程度。这种评估对于导师能够(ITS 原则 8)去掉学生尚未准备好的问题,又在适当(ITS 原则 7)时将其推进到更困难的材料是很重要的
数据格式	学生使用 ITS 记录的数据已经成为大型数据挖掘竞赛的主题,为教育数据科学提供了肥沃的土壤。OATutor 采用了研究者熟悉的导师日志格式,即为每个学生创建一个与导师交互的行
知识组件	知识组件(knowledge component,KC)模型是对系统中需要评估和辅导的技能以及与这些技能相关的问题的定义。它规定,技能的粗粒度足以"促进对问题解决知识的抽象理解"(ITS 原则 4),但细粒度足以"代表学生能力作为一个生产集"(ITS 原则 1),并告知下一个问题的适应性选择
可变性	变量化允许问题模板的许多实例根据变量具有预定义的值集或值范围而生成。问题答案检查和辅导也可以基于变量的实例化,并且可以帮助节省作者的时间

续表

特征	说　明
自下而上的提示	自下而上的提示是对问题的最后提示,是"在问题解决情境中提供指导"的最后机会(ITS 原则3),通常包含问题的答案。自下而上的提示通常是为了防止学生在完成提示和支架后在一个问题上停留太久。他们已经被证明可以提高学生在问题后的表现,他们在问题中表现出自下而上的暗示
即时反馈	即时反馈(正确性)学生提交答案后,立即被告知答案是否正确。该特性有助于"对错误提供即时反馈"(ITS 原则6),并已被证明对学习增益具有统计上显著的正向影响

随着这个完全工程化的自适应教学系统的问世,研究者可以使用系统的各个组件(例如,自适应算法、用户界面、内容修改等)进行实验和创新,而不需要从头开始创建它,包括内容管理、个人掌握估计、自适应项选择、日志记录和学习管理系统(LMS)集成。OATutor 利用现有的创造性的公共内容库,为学习者设计一种可持久化的方式构建其自适应内容库。

此外,OATutor 的设计使得任意一段代码都可以进行 A/B 测试,从而使社区可以提出各种各样的研究问题,并合理地作出解答。

3.7.2　开源自适应教学系统

自 2019 年底面世以来,OATutor 不断推陈出新,在功能上持续升级,新增了 A/B 测试功能、数据侦听器、对 Canvas 等系统的 LTI 支持、应对变量化等新的问题的能力以及各种实用功能。OpenStax 的 3 本数学教材(小学、初中和大学)的每一节习题都已导入该系统,由 OATutor 内容团队倾心打造的辅助内容一应俱全。目前,OATutor 致力于支持引言统计(均低于 CC BY 4.0)的功能开发。历经六个学期的实践检验,该系统已在某社区学院的七个班级的四分之一制教学中充分展现其优越性。无论是针对学生的个性化学习需求,还是为教师提供高效的教学辅助工具,OATutor 都展现出了卓越的表现。

1. 基于研究的智能教学系统

智能教学系统经过几十年的研究,其设计原则已经有了稳固基础,这带来了稳定的学习增益预期。

OATutor 项目创建了一个以学习者为中心的类似发布者的创作框架,产生自适应内容库。OATutor 内容管道使用 Google 电子表格,这是学生和教育工作者熟悉的界面。通过内容创作者和编辑社区的众包,其发布框架允许可扩展、可复制和时间有效的内容环境的生产和质量迭代。允许研究人员使用 OATutor 进行实验,然后将他们的整个端到端实验框架、内容和平台作为 Github 链接提供给他人在出版物中复制、比较和构建。从而创建了一个展示生态系统有效性健壮的内容社区。

此外,在 ChatGPT 发布后,将由 OATutor 生成的提示和由 ChatGPT 生成的提示进行比较,OATutor 表现出明显的学习增益效果。

2. 内容结构

OATutor 使用了层次结构的内容池,概括现有流行的辅导系统在文献中的表达能力（如 ASSISTments、Cog Tutor）。内容的基本单位被称为问题,其中包含标题、正文和问题的子部分集合。

举例说明:如图 3.12 所示,OATutor 界面展示了一个圆柱体问题。其中一个步骤是学生提交了一个错误的答案,学生可以重新尝试点击举手图标来打开辅导路径。

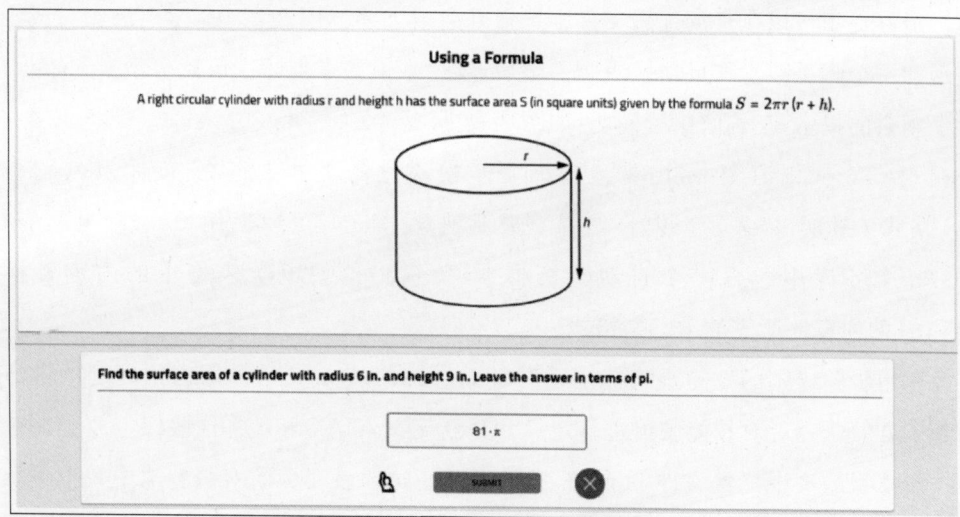

图 3.12　指导学生求圆柱体的表面积

解题步骤是教学指导中的最小细节,也是学生提交答案的着眼点。这种结构本质上是鼓励内容作者以不同级别的指导来满足不同水平的学生需求。每个步骤包含标题、正文和一个答案字段,可以是文本框(设置为精确答案或数学答案)或多项选择。这些步骤通常被组织成问题的独立子部分,可以按任何顺序来解决。

为了提供额外的帮助,每个步骤都包含一个称为"辅导路径"的帮助项目集合。例如,图 3.12 中的步骤指示学生计算圆柱体的表面积。然而,学生在运算次序方面存在概念错误,并忽略了括号,系统将其标记为错误答案。此时,学生可以再次尝试解决问题,或者点击举手图标开启步骤的辅导路径。

在辅导路径中,一个步骤被细分为一系列逐步解锁的提示和脚手架。这有助于传达问题解决过程中的基本目标结构,并引导学生逐步完成解决问题的过程。提示会逐个解锁并显示,以降低学生的认知负荷。提示解锁的顺序结构可以根据需求进行配置,提示之间的依赖关系可以在辅导路径的内容文件中进行定义。如果学生的答案不正确,他们可以选择重新尝试问题,也可以选择打开任意数量的帮助项目以获取更多指导。学生可以随时离开帮助项目以尝试原始步骤。

所有问题都有一个最终提示,显示出正确答案,以帮助学生完成解决问题后的进一步学习。最终提示可以在全局配置文件中选择开启或关闭。图 3.13 中,学生已经完成了两个提示和一个脚手架。在成功解决脚手架后,学生意识到了自己在运算次序上的错误,并跳过了剩余的提示,正确解决了问题,如图 3.13 所示。

在 OATutor 知识库中,内容池作为一个模块化的文件夹存在,问题及其辅导以 JSON 格式(图 3.14)表示。内容作者不需要熟悉 JSON,可以使用 Google 电子表格。OATutor 知识库中包含一个自动转换脚本,负责将这些电子表格中的内容转换为 OATutor 的内容池所需的 JSON 格式。

内容用步骤级别的技能进行标记。对于 OpenStax content,采用课内问题的学习目标。为了方便研究者对技能映射进行定义和重新定义,OATutor 将这些标签放置在一个称为技能模型的集中配置文件中,如图 3.15 所示。这样就避免了对内容池中每个单独步骤的字段进行编辑。技能模型表示所有步骤及其关联的技能的矩阵。技能模型矩阵在系统的早期迭代中被存储在一个 javascript 文件中,但后来被更改为一个 JSON 文件,以更

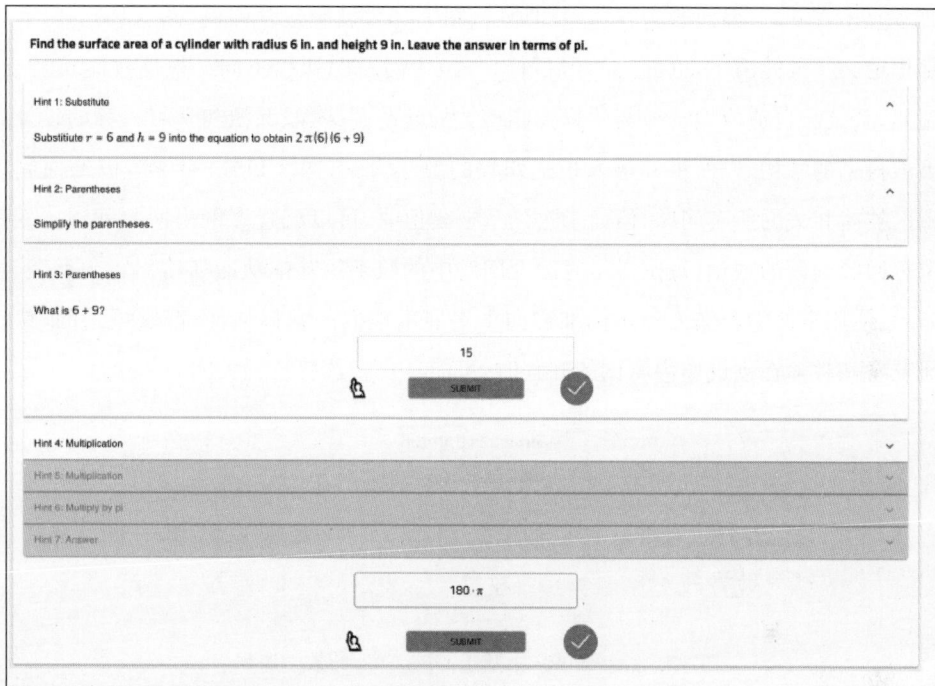

图 3.13 针对图 3.12 所示问题的辅导路径

```
1   // real11a.json
2
3   [ {
4       "id": "real11a",
5       "stepAnswer": ["2@{r}@{r}pi + 2@{r}@{h}pi"],
6       "problemType": "TextBox",
7       "stepTitle": "Find the surface area of a cylinder
                with radius @{r} in. and height @{h} in. Leave
                the answer in terms of pi.",
8       "stepBody": "",
9       "answerType": "arithmetic",
10      "variabilization": {
11          "r": [1, 2, 3, 4, 5],
12          "h": [6, 7, 8, 9, 10]
13      }
14  } ]
```

图 3.14 针对图 3.12 所示的步骤，在 JSON 中定义问题步骤，使用变量化实现

好地支持研究人员的参与，他们已经在探索用来自美国共同核心的技能重新标记所有 OATutor 内容的方法，并希望输出一个更结构化的技能关联文件格式。

课程是 OATutor 界面的内容组织的顶层(图 3.15),其中包含课例(图 3.16)。每节课在导师那里定义了技能清单,也称为学习目标,与包含问题的课程不同。根据技能映射或 KC 模型配置,系统会自适应地选择与课程技能相关的问题。课程、课型和学习目标的设计参考了典型教科书的结构,以便将其融入正式课程的教学大纲(图 3.17)。当学生已经回答完与一节课的技能相关的所有问题,但尚未达到掌握阈值时,可以配置课例来回收问题。变量化增加了可回收问题的数量,每次显示时改变问题中的数字。其他功能如给出正确反馈、给出请求暗示、使用掌握学习作为停止标准和向学生展示他们的掌握估计,都是可用的,默认开启。研究者和教师在创设作为测试的课程时,可能喜欢将这些设置关闭。

图 3.15　OATutor 中基于 OpenStax 的数学课程

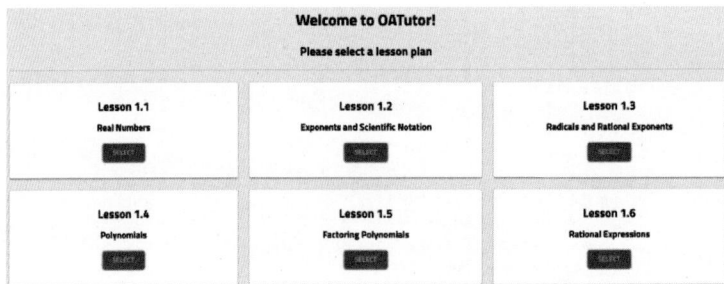

图 3.16　OpenStax 大学数学的前 6 课

3. 基于掌握的自适应问题

OATutor 选择用贝叶斯知识追踪(Bayesian knowledge tracing,BKT)对学生的技能掌握情况建模。BKT 使用隐马尔可夫模型(hidden Markov model)对学生的知识进行建模,其中观察值是学生对问题回答的正确率。

```
1   // coursePlans.json
2
3   [
4       {
5           "courseName":"OpenStax: College Algebra",
6           "lessons":[
7               {
8                   "id":"lesson1.1",
9                   "name":"Lesson 1.1",
10                  "topics":"Real Numbers",
11                  "allowRecycle":true,
12                  "learningObjectives":{
13                      "classifying_a_real_number":0.85,
14                      "performing_calculations_using_the_
15  order_of_operations":0.85,
16                      "evaluating_algebraic_expressions":0.85
17                  }
18              },
19              ...
20          ]
21      },
22      {
23          "courseName":"OpenStax: Elementary Algebra",
24          "lessons":[
25              {
26                  "id":"lesson1.1",
27                  "name":"Lesson 1.1",
28                  "topics":"Introduction to Whole Numbers",
29                  "allowRecycle":true,
30                  "learningObjectives":{
31                      "identify_multiples_and_apply_
32  divisibility_tests":0.85,
33                      "find_prime_factorizations_and_
34  least_common_multiples":0.85,
35                      "use_place_value_with_whole_numbers":0.85
36                  }
37              },
38              ...
```

图 3.17 课程与教学配置文件(JSON)

(课文标题在这里被定义,并定义了它们应该涵盖的技能(或学习目标)列表)

每个技能有四个模型参数 $p_{\text{mastery}}^{(t)}$, p_{guess}, p_{slip}, p_{transit},存储在一个名为 bktParams 的文件中。

$p_{\text{mastery}}^{(t)}$ 表示学生及时掌握该技能的概率,p_{guess} 表示学生在没有掌握该技能的情况下解决问题的概率,p_{slip} 表示学生错误应用已掌握的技能的概率,p_{transit} 用来计算学生在每次回答时掌握该技能的概率。

OATutor 根据学生回答的正确率,采用如式(1)所示的贝叶斯概率来更新学生的技能掌握情况。其中,在时间 t 时观察到的学生技能掌握情况,作为模型的预定值,$t\mid \mathrm{ans}$ 表示观测到学生反馈后的更新值

$$p^{(t\mid \mathrm{ans})}_{\mathrm{mastery}}=\begin{cases} \dfrac{p^{(t)}_{\mathrm{mastery}}\times(1-p_{\mathrm{slip}})}{p^{(t)}_{\mathrm{mastery}}\times(1-p_{\mathrm{slip}})+(1-p^{(t)}_{\mathrm{mastery}})\times p_{\mathrm{guess}}} & \text{正确} \\[4mm] \dfrac{p^{(t)}_{\mathrm{mastery}}\times p_{\mathrm{slip}}}{p^{(t)}_{\mathrm{mastery}}\times p_{\mathrm{slip}}+(1-p^{(t)}_{\mathrm{mastery}})\times(1-p_{\mathrm{guess}})} & \text{不正确} \end{cases} \tag{1}$$

每门课程所涵盖的技能都由作者精心标记,并为每个技能设定了目标掌握阈值。当学生完成一个问题后,系统会使用一种可配置的启发式函数来选择一个该学生尚未掌握的新问题。在默认情况下,此启发式函数会遍历所有的问题,并选择掌握程度最低的问题,这里的掌握程度是基于该问题所关联的所有技能的掌握程度的平均值设定的。学习过程将持续进行,直到学生完全掌握了所有课程所涵盖的技能。一旦达到这个目标,系统将通知学生他们已经掌握了所有的技能。此外,学生的学习进度会被存储为一种 cookie,这将在学生的浏览器中保留学习进度,从而避免频繁地向服务器端发送请求。尽管这意味着 OATutor 无法实现跨设备的进度跟踪,但每门课程的设计都是为了在 30min 的会话内完成,这在一定程度上减轻了对这种跟踪的需求。如果学生在回答完问题池中所有尚未掌握此技能的问题后,他们还可以重新回答已完成的习题。

4. 变量化与答案检查问题

问题变量化可以减轻内容创建者的负担,并允许创建多个版本的内容。内容作者需指定问题中的所有变量及其可能取值。系统使用预定义的变量组来改善学生体验,因为不同的数字组合可以显著改变问题的难度。变量可以在问题、步骤或提示/脚手架范围内定义,类似于计算机程序的变量范围。在重复变量名的情况下,位于较低粒度级别的变量值具有优先权。

OATutor 还支持全局变量集形式的本地化,以适应不同上下文。OATutor 最初为数学课程设计,允许内容创建者排版数学表达式,也允许学生输入数学表达式。OATutor 前端使用 React 创建,可重用通用的 UI 组件。集成 LaTeX 渲染库以支持渲染数学表达式。自定义标记语法表示 LaTeX 和内联图像。学生答案会实时自动转换为 LaTeX,使学生能更自然地输入答案。问题中的文本框输入字段的答案检查使用 Khan Academy 的开

源计算机数学系统(KAS)进行,该系统可验证两个表达式是否等价。这使学生可以更灵活地将答案输入系统,避免了指定输入顺序或答案格式的需求。

5. 可扩展性和 A/B 测试

在 11 次随机 A/B 测试中,OATutor 被设计为模块化形式,并尽可能简化。研究人员可以在平台源内导航到所需逻辑并插入条件语句来进行 A/B 测试。以平台中存在的常见 A/B 测试切入点为例,例如不同的 BKT 学习参数和不同的辅导路径(图 3.18)。当学生访问 OATutor 时,条件赋值随机生成并存储在学生浏览器中。此后,所有学生的后续动作都将记录在当前条件下,以供将来分析使用。

```
1  // App.js:
2
3  import { bktParams as bktParams1 } from './config/
       bktParams/bktParams1.js';
4  import { bktParams as bktParams2 } from './config/
       bktParams/bktParams2.js';
5
6  <ThemeContext.Provider value={{
7      ...
8      bktParams: this.getCondition() === 0 ?
9          bktParams1 : bktParams2,
10     tutoringPathway: this.getCondition() === 0 ?
11         "HintPathway" : "ScaffoldPathway"
12     ...
13 }}>
```

图 3.18 A/B 测试代码摘录,展示了对测试不同 BKT 参数和辅导路径的支持

6. 辅助标准

为了确保所有希望通过 OATutor 平台进行学习和研究的用户都能无障碍地访问 OATutor 系统,OATutor 已采取一系列措施,使每个页面都符合《网页内容无障碍指南 2.07》(AA 级)。该网站由模块化组件构成,这些组件在设计时已考虑到可访问性。如图 3.19 所示,OATutor 的代码中已嵌入 Accessible Rich Internet Applications(ARIA)属性。此外,OATutor 还为图形组件添加了备选文本,以便屏幕阅读器能够轻松识别图形或界面中的按钮(图 3.19)。为了记录对修订后的 508 条款标准的可访问性符合性,

OATutor 使用了自愿性产品可访问性模板(VPAT)。OATutor 公开的文件 9 采用了该模板的 Section 508 版本,列出了接受美国联邦资助的教育机构采用该系统所需的组件。

```
1   // ProblemLayout/LessonSelection.js
2
3   <IconButton
4       aria-label={`View Course ${i}`}
5       aria-roledescription={`Navigate to course ${i}'s page
            to view available lessons`}
6       role={"link"}
7       onClick={() => {
8           this.props.history.push(`/courses/${i}`)
9           this.props.selectCourse(course)
10      }}>
11      <img src={`${process.env.PUBLIC_URL}/static/images/
            icons/folder.png`}
12          alt="folder icon"/>
13  </IconButton>
```

图 3.19　可达性示例,展示了 OATutor 使用的 Icon Button 组件的描述、标签和 alt 文本

除了法典化的可访问性标准外,OATutor 系统还融合了诸多现代最佳实践,用于复杂的输入转换、动态内容通知和错误处理。用户可以输入数学符号、操作数和矩阵,系统会利用 Mathquill 库和自定义方程解释器生成英文文本供屏幕阅读器消费。在用户提交答案待检查的情况下,他们可以通过一个"角色=警报"通知弹出窗口收到实时反馈。为确保组件故障不会影响整体用户体验,每个组件都被包裹在一个或多个错误边界中。除了记录异常事件,错误边界还允许 OATutor 为系统定制一个回退视图。

7. 使用的便利性

OATutor 的设定流程极其简洁,仅需通过 2 次单击即可完成对整个学习系统的设置。同时,它可以运行预先进行的 A/B 测试,并在 GitHub.io 上将系统部署为 GitHub-pages 网站。OATutor 对于在线浏览环境具有极好的兼容性,它能够将数据存储需求加载到用户的浏览器中,无需借助任何服务器来实现基本的静态文件托管。当然,OATutor 还具备一些特色功能,这些功能在用户将配置文件指向自己或云托管的数据库时可以被激活。

（1）数据记录。

在默认情况下，学生的学习进度会被存储在浏览器的 IndexedDB 或 Web SQL 中（以可得者为准）。然而，数据库仍然是有用的，尤其对于存储数据日志和其他反馈条目，这样可以方便后期进行分析。因此，管理员可以选择使用 Firebase 的 Firestore，这是一个 NoSQL 云数据库，这样可以减少研究人员设置 OATutor 实例的时间和复杂性。

学生在提交问题步骤和支架的答案以及解锁提示时都会创建数据日志。每个学生与平台的交互都会被记录成独立的条目，这样研究人员和教师就能够重建用户的交互历史。这为 A/B 测试的暗示用法分析和功效评估提供了可能。这些数据日志都存储在 NoSQL JSON 中，并可以通过 Firebase 的 Web 接口进行访问，导出为 CSV 文件也十分方便。所有字段都存在于各种事件类型的日志中，这样研究人员就能够方便地进行数据分析和处理。当涉及处理不同事件的不同字段时，如何将 NoSQL 的 JSON 格式化 MOOC 数据导出为 CSV 文件是一项挑战。

用户还可以通过系统 UI 对任何可能阻碍其进步的教师或内容错误提交相关问题的反馈报告。虽然大多数错误是在被内容编辑器检查或通过自动化检查时发现的，但学生确实发现并报告了他们遇到的错误。

（2）BKT 数据。

OATutor 的数据格式为知识追踪模型的训练提供了便利，例如 BKT 模型的开源 Python 库 pyBKT。日志数据格式可以很容易地用几行代码来拟合参数。在图 3.20 中，来自 OATutor 的数据被加载为一个 CSV。使用 pyBKT 对模型进行初始化。

（3）LMS 互操作性。

OATutor 支持学习工具互操作性（LTI）标准，允许将教师与 Canvas 等课堂学习管理系统（LMS）进行集成，方便教师从 LMS 成绩单中查看学生对教师在课内讲解技能的掌握情况。为支持 LTI，OATutor 创建了一个 Node.js 实现的中间件服务器来处理 LTI 认证。教师在创建作业时，只需将中间件指定为外部应用程序，然后通过图形化的选择屏幕链接到 OATutor 的课程上。学生登录其 LMS 账号后，点击作业链接即可被重定向到平台上的相应课时中。这样学生就不需要在平台上创建单独账户，并能够简化平台，无须存储和管理用户凭证。当学生通过 LTI 访问 OATutor 时，会采用相同的日志格式；根据

```
1
2   oat = pd.read_csv('oat-full-data.csv')
3
4   model = Model(seed=42, num_fits=1, parallel=True)
5
6   paramslst = []
7   for skill in oat['skill_name'].unique():
8       model.fit(data=oat, skills=skill, num_fits=20)
9       paramslst.append(model.params().values)
10
11  pd.DataFrame(columns=['prior', 'learns', 'guesses', '
        slips', 'forgets'], data=np.hstack(paramslst).T.
        set_index(oat['skill_name'].unique()).rename_axis('
        skill')
```

图 3.20　pyBKT 模型拟合代码摘录

LTI 协议,唯一的 Course _ id 和唯一的 lms_user_id 的额外字段会被填充,这两个字段都是匿名的,但在设备和会话之间是持久的。字段 Course_name 也会被填充,反映了 LMS 中教师设置的课程名称。

当学生完成问题时,成绩会被传回 LMS,供教师在 LMS 的成绩单中查看。成绩单详细列出了学生在课内对每项技能的掌握概率。每项技能得分通过将学生的掌握程度除以掌握阈值计算得出,上限为 100%。总体得分计算为所有技能成分得分的平均值。实例等级报告如图 3.21 所示,也显示了学生相关课程中的详细行动日志,支持教师通过查看他们给出的答案及与系统的交互速度诊断学生的参与水平和理解质量。

(4) 使用情况统计。

自首次投入使用以来,该系统已成功接收超过 70000 份问题提交,其中 5000 份源自试点课程,通过日志中的"lms_ user_ id"进行识别。在当地社区学院的试点课程中,OATutor 发现了 150 名使用该系统的学生和 10 名完成了整门课程的学生。根据早期使用者和教育者的反馈,OATutor 对近 2000 条反馈进行了回顾分析,并据此对教学及其知识内容进行了重大修改。

8. 来自试点教师反馈的发现

OATutor 在满足教师 F 的需求方面作出了显著的努力,并已解决了一些设计难题,但仍有未解决的问题,这将有助于研究界研究前进的方向。例如,教师 F 希望她的学生能

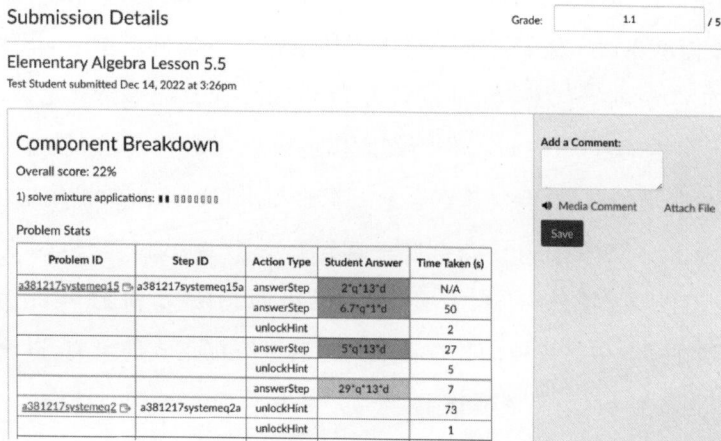

图 3.21 在 Canvas 中的一个示例分数分解和学生行动日志,可在教师的
成绩手册中查阅

够拥有一个丰富的文本编辑器,这需要进一步探索现成的编辑器并让学生能够精确地表达方程。此外,如何在智能教学系统的约束下设计一个内容系统,同时允许教师直接编辑或建议编辑内容是一个挑战。

通过设计研究的方法,OATutor 从试点相关者群体中收集了三个主要的反馈结论:

第一,OATutor 展示了基本的可用性,作为一个系统,教师可以用来为学生补充他们的知识库。教师 B 在没有团队激励的情况下,持续使用 OATutor 六期至今。

第二,OATutor 的创作系统对于作者转写内容是高效合理的。在对 OATutor 内容作者的调查中,回答($N=15$)表明作者需要 2.27h(标准偏差为 1.10)进行训练,11.03min(标准偏差为 9.11)创建每个问题。训练和创建时间均与 ASSISTments 一致。

第三,OATutor 为研究者提供了一个易于使用的实验平台,便于研究者使用。教师 A 的项目改进了日志文件,教师 B 的项目改进了 KC 模型文件,供以后的研究人员分析使用。教师 C 的研究用例表明了 OATutor 相对于实验动态提示生成策略 A/B 测试的可扩展性。

为了更好地了解 OATutor 对于一些研究者还存在哪些局限性,OATutor 对教师 D 进行了访谈。教师 D 的研究兴趣是在虚拟/增强现实(VR / AR)领域训练用户,在这些领域中,物理团队的协作是必要的。为了执行他们的研究,他们正在寻找一个可以同时容纳认知和运动技能的界面。他们需要一个 VR 耳机和 ITS 之间的交互,以及 ITS 向 VR 耳机发送训练方案场景的能力。教师 D 认为 OATutor 应该能够持有培训内容,然后将其展示给用户。虽然 OATutor 可以作出修改以适应教师 D 的需求,但由于现有架构的设计,它需要付出很大的努力,但这并不会令人望而却步。在未来的工作中,OATutor 计划使用 OATutor 和 ASSISTments 与教师一起运行一个 A/B 试验,以探索电子表格和 GUI 界面在使用图像、特殊字符、提示和支架编写内容方面的可供性和局限性。OATutor 还计划在进入中等规模的教育者队列之后进行更正式的研究,以获得更多的反馈,并确定 OATutor 使用(作为家庭作业,充实,或为了考试)的不同模式。OATutor 还想进行一项研究,以评估研究人员如何利用 OATutor 的平台来运行自己的 A/B 测试,以及 OATutor 可以做哪些其他的设计优化来支持这些测试。

教育者可能希望合并来自不同开放教育资源(open educational resources,OER)的内容,或者将现有内容与新的分类学或课程标准保持一致。研究可以通过标注和重组 OATutor 库中的内容来评估机器辅助对学生和教师的效用,而不是使用默认的标准。目前,策展内容中最耗时的部分之一是暗示和支架的创建。机器学习可以应用于生成草稿帮助项,并减少每个问题所花费的时间。

OATutor 有为创造性的 HCI 研究作出贡献的潜力,使研究人员能够通过开发和部署 OATutor 的工具来解决特定领域和跨学科的问题。

OATutor 既是一个适应性导师,也是一个精心策划的内容库,它是一个汇集了一套能力,可以降低实验的障碍的系统。需要对 OATutor 的使用进行进一步的研究,以确定系统可能对更广泛的研究社区产生的影响的大小和类型。

3.7.3　创建开源共享社区

为了创建 OATutor 的三本适应性内容的教科书,需要构建一个微型内容发布框架。在 OATutor 中,有两个主要角色负责内容创作:创作者和编辑。创作者从可接受的来源中提炼问题内容,然后由作者为问题提供提示和支架。这些创作者是从先前与被试互动过的有经验的学习者中挑选出来的。编辑对创作者制作的内容担任审稿人和质量检查人,有时也会为自己制作的内容作出贡献。在选择编辑时,不仅会考虑某人已经学过的材料,还会考虑其先前经验并对其进行辅导,这导致编辑通常是大学生。在 OATutor 承担的第一本书 OpenStax 的《大学数学》中,共有 16 位创作者参与了整个项目,每次大约有 5 位活跃的创作者。共有 5 位编辑参与,平均每位编辑有 2 位在特定时间活跃。创作者平均每周签约 4 个小时的作品,整本书大约在 6 个月内完成。

1. 创意共享资源的选择

为了保证策展内容的质量,OATutor 建立了选择符合条件的资源进行内容策展的方法。以下是 OATutor 对各类开放教育资源的考查情况。

(1) 许可证:OATutor 检查了每个 OER 提供的许可证,目标是确定哪些资源具有可用的 Creative Commons 许可证,允许对其内容进行策展。

(2) 资源类型:确定 OER 中常见的资源类型至关重要。OATutor 的目标是找到一个可以转录的活跃的问题资源池。

(3) 问题资源质量:分析提供的问题资源是否提供了帮助。已经有了某种答案或解释可以显著减少策展的时间,因为从头开始创建提示和支架需要花费更多的时间。

(4) 社区投入类型:OATutor 确定了 OER 可利用的社区投入类型,这将使 OATutor 能够更好地确定可利用内容的质量。

在考察完所有这些变量之后,对所考察的每个资源进行了打分,并按分数高低进行排序。在 OATutor 的案例中,OATutor 选择 OpenStax 作为最合适的选项。

2. 构建社区

OATutor 系统利用了与学习者来源定义相近的众包概念,旨在创建一个可持续的内容创作环境。其过程包括招募符合条件的学习者,协助管理特定主题的内容,这些主题针对的是有需要的学习者群体,如大学层次的数学学生需要关于数学内容的帮助。

OATutor 要求参与者"自愿承担一项任务",同时将其作为贡献者的群体定位为该学科的前学习者。然而,OATutor 并不完全符合学习者来源的定义,因为其贡献者最近不一定学习过他们正在创作的材料,但可能已经掌握了它除了有辅导经验以外的主题。

此外,为上述贡献者提供的主要收益并不源于学习。合格的学习者通过提供课程学分的本科生研究学徒计划参与其中,并具有与赞助的研究实验室合作的动机。

被招募为内容创造者后,学习者需经历一个入门培训课程,包括系统介绍、如何创建问题的视频指南以及要求创造者制作五个样本问题的入门"作业"。该课程的目标是让创作者为他们的创作任务做好准备,并以省时省力的方式完成任务,同时通过样例问题向他们提供系统的实操介绍。

为了注重培育健康的内容策展环境,内容团队每周举行半小时的会议。这使得创作议题得以发声,并给予了编者直接回应内容创作者提问的机会。此外,会议作为一个整体的方法来保持团队的参与。沟通是显示项目活动的一个主要因素,除了通过电子邮件提供一致的反馈外,还提供进一步的讨论空间。这反过来又允许模拟一个学习者来源的环境,因为内容作者的众包社区被赋予了与内容交互和应用他们的知识的基础,尽管他们的激励可能并不主要集中在学习上。

3. 作者电子表格与转换内容

创作者使用谷歌电子表格来撰写内容,具体的操作步骤如下:先将 OER 问题转录到电子表格中,并添加适当的提示和脚手架。表格应包括问题名称、标题、正文、答案、答案类型、技巧、图片 URL(可选)等栏目。一般来说,单个标签对应一本书中的一节课。

创作者需要复制"课程选项卡"到"编辑器表",再复制"编辑器表"到"Main Spreadsheet"中,以填充整本书的课程。使用谷歌应用程序具有额外的好处——创作者能够看到对方的工作。

OATutor 的创作工具利用脚本将表格中的问题数据自动转换为问题池中的 JSON 格式,前端进行渲染,允许创作者在不需要计算机程序知识的情况下对素材进行策展。

该表单必须与 GoogleService 账户共享,以允许脚本进行 googlesheet API 调用。该脚本还使用名为 pytexit 的库自动将数学表达式转换为 LaTeX 格式。

脚本的另一个特点是自动反馈。脚本每天运行一次质量检查,以确保表单中不存在会导致运行时出现错误的错误。另外一系列基于启发式的检查也被执行,例如确保多选题有多个答案选项。这些质量检查的输出会自动与 Google 工作表中的问题一一对应,从而使内容编辑器能够识别并纠正这些问题。

3.7.4 其他相关开源资源

开放开源运动在推动教育技术的开放方面发挥了巨大的作用。通过开放资源、课程、数据集和算法等数字资源,更多的人可以方便地获取和使用这些资源,从而加速了学习科学研究的发展。这种开放的精神也促进了学术界的交流和合作,推动了知识的传播和创新。同时,开放开源运动还为学习者提供了更多的学习机会和选择,使得他们可以根据自己的需求和兴趣进行自主学习和研究。这种开放的教育方式也促进了教育的公平和普及,让更多的人能够接受高质量的教育,不同内容来源标准的 OER 资源见表 3.8。

表 3.8 不同内容来源标准的 OER 资源

开放教育资源名称	商业许可证	非商业许可证	习题资源	带辅助的习题资源	数学内容	社区输入
OpenStax	Yes	Yes	Yes	Yes	Yes	No
Illustrative Mathematics	N/A	Yes	Yes	No	Yes	No
OER CommonS	N/A	Yes	Yes	Yes	Yes	Yes
Curriki	N/A	Yes	Yes	Yes	Yes	Yes
National Science DL	N/A	Yes	YeS	Yes	Yes	Yes
MIT Open Courseware	N/A	Yes	Yes	Yes	Yes	No
S.0.S.Mathematics	N/A	N/A	Yes	No	Yes	No
Khan Academy	N/A	Yes	Yes	Yes	Yes	Yes
BiteScis	N/A	N/A	Yes	Yes	N/A	Yes
teachit Maths	N/A	N/A	Yes	Yes	Yes	Yes
teachit Science	N/A	N/A	Yes	Yes	No	Yes
OpenLearn	N/A	Yes	Yes	No	Yes	Yes
BCCapus OpenEd	N/A	Yes	Yes	No	Yes	Yes
ACT Academy	N/A	N/A	Yes	Yes	Yes	No
CUNY Academy Works	Both	Both	Yes	Yes	Yes	No
Academic Earth	N/A	N/A	No	No	Yes	Yes

续表

开放教育资源名称	商业许可证	非商业许可证	习题资源	带辅助的习题资源	数学内容	社区输入
Stem Resource Finder	N/A	N/A	Yes	Yes	Yes	No
Math Res.for Students	No	No	Yes	Yes	Yes	No
LUMEN Open NYS	Both	Both	Yes	No	Yes	No
OASIS	N/A	N/A	Yes	Yes	Yes	No
iBiology	N/A	Yes	No	No	No	Yes
MERLOT	N/A	N/A	Yes	Yes	Yes	Yes
Math Video Library	No	No	Yes	No	No	No
QUBES	N/A	Yes	Yes	No	No	Yes
Xpert	No	No	Yes	Yes	Yes	No
ELA Free Resources	No	No	Yes	No	No	No
Wisc-Online	N/A	Yes	Yes	No	Yes	Yes
Transum Mathematics	N/A	N/A	Yes	Yes	No	No

1. 开放教育资源

开放教育资源(OER)是一种由用户群体出于非商业目的公开提供使用和改编的资源,旨在促进学习材料的广泛访问和传播,包括习题集、视频和其他网络媒体资源。这些资源的使用和传播无须支付任何费用,从而为教育工作者提供了将材料纳入教学大纲的便利,同时减少了他们在创作内容上的时间投入。

大多数开放教育资源,如免费开放的教科书,都特别关注资源的可及性。另一些项目,如可汗学院,则创建了替代的识别系统以突出技能和教育成就。

同时,Scratch软件强调知识的集体构建,其程序由他人开发和使用,以便在平台上互相学习。

科里布里(Kolibri)是一个面向全球教育工作者的在线和离线OER学习平台,该平台包含了精简和开放许可的教育内容库,其重点是包含课程、评估、书籍和游戏的广泛课程。

然而,当前在OER与计算机教学系统之间仍存在一个关键的空白亟待填补。由于

OER 缺乏统一的结构,这在很大程度上限制了它们之间的操作性和融入数字评估系统的能力。因此,为了促进 OER 的广泛应用和有效评估,需要建立一个统一的标准和规范来指导 OER 的开发和使用。

2. 大规模开放在线课程

大规模开放在线课程是通过在线平台发布的开放获取的教学内容,其吸引力在于为全世界提供了来自世界知名大学的课程的数字版本。因此,诸如 Coursera、edX 和 Udemy 等平台成为了内容提供商,其中部分平台还提供未来学位的学分。参与者可以与评估、视频以及在某些情况下的教学人员和他们的同伴进行互动,以促进讨论和进一步的思考。通过 MOOC,学习者可以免费报名参加课程,对任何有互联网接入的人开放参与。然而,获取 MOOC 中的完成证书需要支付一定的费用。需要注意的是,MOOC 是开放的,它们的内容是适当的,而不是像 OER 那样的创造性的公域。

3. 开放数据集

近期,诸多教育技术平台纷纷发布了经过匿名化处理的数据日志,有力地促进了跨数据集的离线实验复制和方法泛化。值得一提的是,卡内基学习已公开分享了数十个数据集,为教育数据挖掘研究领域作出了突出贡献。尤为引人注目的是,该公司在 2010 年发布了一个专供计算机械协会(ACM)知识发现和数据挖掘特别兴趣小组(KDD)年度竞赛使用的数据集。此数据集涵盖了超过 9GB 的学生数据,不仅成为了教育技术平台中最常被引用的数据集,更是当年竞赛中规模最大的数据集。此外,ASSISTments 这一免费的在线辅导平台也已慷慨地公开了其数据集,已成功被超过 100 篇学术论文引用。近期,在韩国研发和部署的辅导系统也已发布大型数据集,如 Ed Net。

4. 开放算法

通过开放算法,教育数据挖掘社区在拓展和复制研究方面消除了障碍。例如,pyBKT 提供了认知掌握情况估计算法的首个 Python 实现,该算法与 Cognitive Tutor/ MATHia 中使用的算法相同,受到了社区的广泛关注,每月安装量达到 1000 次。此外,许多其他算法也作为研究论文的伴随成果以开源形式发布。例如,MOOC 中使用的自适应评估引擎已被开源,并在多个课程中评估学习收益。

5. 内容创作工具

多种创作工具正在被广泛使用,以支持带有学习材料的辅导环境的构建。其中,认知导师创作工具(cognitive tutor authoring tools,CTAT)是目前开发最成熟、编程背景要求最少的内容制作工具集。因此,许多导师开发者基于 CTAT 框架进行内容创作,以服务于各种学习任务和领域。尽管 ITS 内容创作存在耗时较长的问题,但 CTAT 在这方面取得了显著进展,将需要 200~300h 来产生 1h 指令的内容的时间减少到仅 50~100h。

ASSISTments 是另一个专注于创作工具的辅导系统例子。这些工具符合 50h 的评估标准,比最初的 ITS 创作工具快四倍,同时也不需要任何编程背景。然而,新的用户必须花时间学习 ASSISTments 构建器接口,因为它是一个允许嵌套提示和支架的原始设计。在 ASSISTments 中也存在一个更简单的"快速构建器",它简化了接口,但没有提供脚手架和提示的能力。

其他一些创作工具如 ASPIRE 也相继出现,它们强调简化 ITS 的创建过程。这些工具旨在以某种形式简化流程,使那些在 ITS 或软件工程领域没有经验的领域专家能够创建自己的课程内容。然而,这些工具的缺点在于它们无法克服内容创建的旧的时间负担,导致开发时间与之前通过 CTAT 所需的时间相近。

6. 众包和学习者众包

在上述开放教育资源中,所发现的内容是众包的一个典型案例。众包是一种"参与性在线活动",由一个发起人与众多个人建立联系,以请求他们自愿承担某项任务。在大部分众包形式中,发起人会提供资金或其他好处,以激励参与者承担任务。然而,由于对激励的共同需求和寻找个体参与需要付出的必要努力,进行大规模的众包可能在一段关键时间内面临挑战。为了创造一个可持续的众包环境,以灵活的方式管理工作分配,并确保激励参与者继续参与项目,是至关重要的。

除了 OER 之外,某些辅导系统还拥有自己的众包学习内容池。如前所述,

ASSISTments 允许教师查看、使用,有时还可以基于其他用户的内容进行构建。这种类型的内容已被证明有利于学生学习,并验证了从了解该主题的用户那里获取教育内容的可靠性。在实时环境中,教育众包也取得了成功,这是由 ASSISTments 创建的一个功能,允许教师提供更多的按需众包帮助。

亚马逊研究工具等微任务市场作为高效的众包环境应运而生。然而,当涉及教育内容时,来自这样一个平台的众包可能会引起各种关注。低质量的错误材料会导致错误观念、脱离接触,甚至在正式的教育环境中对学生的成绩产生不利影响,从而产生负面的社会经济后果。因此,获得成为教育众包内容贡献者的资格,有一个必要的要求(如担任教师、导师、辅导教师、有学科专业经历等)。由于这些标准非常特殊,它不属于典型的众包平台社区的范围。在有适当的社区成员的情况下,制定这种特定标准的成本会大大增加。因此,教育平台倾向于诉诸具有合适背景的已知社区。

为了在寻求合格参与者的同时避免可能的资金障碍,可以转向更有针对性的众包类别,即学习者外包。学习者外包适合于内容写作任务,因为它关注的是相关学术主题的最近或当前学习者作为个体参与自愿众包任务。此外,学习者围绕着与被学习对象相关的系统和任务的创建,并将学习者的经验和创造力纳入其中,以顺利完成任务。

在学习者外包过程中,个体可以被识别为三个独立的群体:贡献者、受益者和教学团队成员。贡献者是创造必要学习器物的个体学习者,而受益者是这类器物接收端的学习者。对贡献者的激励结构在于"生成效应",即学生更好地回忆自己生成的信息。由此,贡献者也应参与到学习中,加强自身对学科的理解。

第 4 章

未 来

　　未来,人工智能教师可以完美地解答所有学生的每个问题,而且不会出错,还能平等对待每个学生,不会有丝毫偏颇和私心。更重要的是,它还能因材施教,针对每个学生的不同爱好,提供最适合他们的教学内容,使得每个学生都更具个性。

　　这并非科幻电影中才会出现。通过深度学习,人工智能可构造出集古代和当代大贤于一身、古往今来第一"名师",并且可以从小与儿童相伴成长,表现得像一只"懂你"的"机器猫"。虽然那一天仍然有点远,但今天已经有许多探索者将人工智能和它的衍生品带进教室了。

　　首先,教师使用基于人工智能的辅导帮助学生采取最有效的学习方式。由人工智能辅导系统提出个性化学习方案,然后学生对问题给出反馈,通过大数据和学习,使系统动态确定为学生提供最佳个性化指导的方案。

　　其次,补充课堂教学,一种从数据中探索并提供见解和建议的软件系统,利用从数以百万计的课程中收集的大量学生与教师互动的数据,创建一个平台提供实时反馈,帮助教师在他们的教学中找到差距,帮助在线导师在教学上做得更好。

　　再次,借助人工智能,教师和学校能够根据他们特定课程和学生的需要创建教学内容和练习。教师将他们的教学大纲和学习材料导入人工智能系统后,系统读取并掌握内容,并找到新的模式。然后,系统引擎使用获得的知识创建基于核心概念的教科书和教学材料。

　　最后,建立学生和教师互相交流的社交平台,使学生能够在人工智能和机器学习的帮助下获得辅导,填补学习空白,并补充教师本身的教学。平台通过机器学习算法自动过滤劣质的内容,为学生提供更加优质的学习材料;使用人工智能算法构建个性化学习平台网络,基于学生的需求提出建议,增强用户体验。

长远来看,教育人工智能会给教育界带来天翻地覆的变化。一个优秀的智能辅导系统可以帮助学生学习数学、科学、人文科学、外语、地理、政治、文化历史等任何一个领域,再加上大数据学习的助力,深度学习、机器学习和机器计算等都将有助于为每一个人提供更好的学习方案。

届时,所有人都将受到因材施教的教育,每个学生都有自己的个性化学习,人工智能将会构建出每个人最理想的私人教师。

4.1　自适应学习的发展方向

4.1.1　自适应学习未来发展的可能

如今,自适应学习技术发展还处于相对初级的阶段,自适应学习还有很长的路要走。在涉及通过获取学生的学习行为数据,了解他们的强项和弱点,提供有针对性辅导的方面,就算是世界上最好的人工智能,也还不具备类似人类教师的经验与能力,同时还面临着学习数据少、知识资源缺乏、知识颗粒粗、响应速度慢、判断不精准、动态化追踪差等很多问题。

从现在来看,自适应学习的未来在成功扩展时可能是什么样子,如果自适应学习充分发挥其支持教学和学习的潜力,有些成分必须存在。下面讨论其中九个重要发展方向。

1. 从明确的教育愿景开始

只因为自适应学习是受欢迎的,并不意味着每个人都能正确运用。迈向成功实施的第一步是制订明确的教育愿景或目标,并将该目标与如何实现这些目标的工具联系起来。如果这些方面有冲突,采购的自适应工具将很可能被当作石头闲置不用。

最佳的自适应学习包括教师和技术两方面。当配合协调教师的知识、专业知识和教学方法相协调地采用自适应学习工具时,将会产生最成功的教师与技术合作案例。正如米尔皮塔斯联合学区技术总监 ChinSong 所说,"最好的自适应机制是课堂教师。该工具提供的数据应用于激发教师的教学改革。"由于真正的学习是个人化和社会性的,教师在激发学生参与和上进,以及在更开放的内容领域学习辅导方面发挥着关键作用。此外,自适应工具可以像一个随时存在的教学助理,无时无刻不在支持学生的指导,同时捕获信息,这是很难让教师定期收集并给出指导的,这也正是教师与系统的共同努力将创造出的最积极的学习成果。

2. 教师需要用户友好的数据

自适应工具收集大量数据,数据只有被理解和应用于行动时才有用。因此,自适应工具需要能够优先考虑收集的数据,以及如何以对教育者友好的方式呈现。此外,许多教育者使用多种产品,特别是在 K-12 教育中。为了使学习数据在多个产品中具有价值,需要根据一组通用的数据标准进行校正。

3. 还有许多假设需要验证

自适应学习有很多可能性,但仍有很多方面需要改进。例如,实现最佳学生成绩表现的适当变化量有多少? 自适应学习对学生获取知识的能力有什么影响? 自适应学习依据学生表现动态创建的哪些学习路径让学习更高效? 通常,人们的意见是倾向于更多、更好,但仍有很多方面需要测试和验证,然后最终才能说明这是事实,是正确的。

4. 进一步完善学习者模型

因为学习行为理论、心理学理论等应用不足,现今存在的自适应学习系统中学习者模型可能构建得不完善,有些系统只考虑了认知水平,忽略了学习风格;有些系统则只考虑了学习风格,忽略了认知水平;另外,有的系统虽然考虑到了学习风格模型,可是涉及的因素也不完备,如 TANGOW 系统选用了 Felder-Silverman 学习风格模型推断用户的学习风格,可是仅考虑了感觉/直觉与综合/序列两组维度,非常重要的视觉/言语与抽象/具体两大维度没有加入进来。

5. 增强学习者学习风格分析准确性

因为多数系统根据学习风格量表测定学习风格,可是这样做通常会出现一些状况,如学生不去参加测试,那么就不能正确判定出学生的学习风格;另外,就算是学生参与了测试,也存有一些主观臆断,判断也很难符合真实的用户学习风格。

6. 提升内容推荐精确度

由于多数系统都选用单一的个性化推荐技术,系统向用户推送的适应性的学习对象与学习活动序列精确度不高,因此容易出现"稀疏性""个性化程度低"等问题。与自适应学习系统优化最相关的是优化目标的确定,也就是"掌握程度(mastery)"的概念。这个概念是一个朴素的,非严格数学意义上定义的概念,并且基本一致的是,最根本的"掌握程度"认定,需要教师与实证实验的紧密结合——而这不像"点击率"那么直观、方便,因此这有两个判断:其一,自适应学习的迭代优化一定是一个缓慢的过程(指的是在效果认定与优化层面,不是指技术系统的细节);其二,眼前大多数国内的系统都没有经历充分的优化过程。

7. 进一步共享与统一内容资源和学习数据

视频、题目等资源尚且不足,更何况实时学习。自适应学习的发展表现为各自为战,信息分散的局势。多数系统都是孤军奋斗,在学习者模型、领域模型、资源建设等事项没有遵照统一的标准构建,结果是资源无法有效地实现共享。

8. 强化知识模型

对不同类型知识的特征认知不足:知识作为一种特殊的信息,具备了众多的附加特征。换句话说,某种信息若是越多增加某种特征的烙印,就越接近知识。眼前基于课程设计的进展与要求,很多时候是把孩子的发现能力与知识建构过程(及伴生要求)当作教育目标的,目前无法确认知识点与知识图谱是否可以完备描述这种学习过程——或必须多大程度地重新定义。因此,也不太确认在这种课程与学习架构下,自适应学习应当怎样设计。因此,需要坦诚的是,目前这种架构的课程体系与学习本身还非常不成熟,更何况一个可以相互促进的计算机自适应系统,但随着技术的发展未来会有更多人集中精力投入到这个方向。

9. 增强自适应动态调整能力

在学习过程中如何分析发生的各类变量,如何预判,如何推荐,算法不应是固定唯一的,也不应是一成不变的。许多自适应产品都不是在用户学习的过程中动态适配,而是只在学习者入学时一次性打上标签:年龄、学历、知识基础、性格、心理状态、家庭、学习目标、学习习惯、学习意愿等,并且通过入学测试一次性判断学前各维度能力、知识基础等。

在确定自适应学习未来发展方向的基础上,可以想象一下一个未来自适应学习系统的样貌。

(1) 模型构建足够完善:在自适应学习相关研究理论中的各模型没有遗缺。

(2) 变量关联足够繁多:形成百万数量级,甚至亿万数量级变量间的关联。

(3) 标签颗粒度足够精细:学习风格、学习类型与学习行为、知识点、教学风格等细分到足够细。

(4) 响应速度足够快:即时提问,即时解答,随时测评。

(5) 学习推荐足够准确:遗忘曲线等各类行为理论、心理学的合理应用。

(6) 学习资源足够全:不同媒介的(字、图、音、视、VR、AR、AI 等)、不同来源的、不同难度的、不同教学风格的应有尽有。

(7) 动态学习进化足够快:能够不断自动化分析,不断依据学习行为预判学习效果,并且就此随时给出学习建议,且分析行为可自动根据反馈数据进化系统升级。

4.1.2   未来与 ChatGPT 结合的自适应学习

ChatGPT 有强大的语言生成能力和理解能力,它可以模拟人类的对话,并且能够根据用户的输入作出相应的回复。但是,作为一个聊天机器人,ChatGPT 是否能够进行基于用户反馈的自适应学习呢?

1. 基于用户反馈的 ChatGPT 自适应学习

ChatGPT 基于用户反馈开展自适应学习,可分为静态训练模型设定模型参数与动态实时调整模型参数两种方式。在静态训练模型设定模型参数的情况下,ChatGPT 会在一定的数据集上进行训练,并且在一段时间内不会对模型参数进行调整。这种方式的优点是模型稳定性高,且训练成本相对较低。然而,由于用户需求和对话场景的多样性,静态训练的模型可能无法完全满足用户的期望,因此需要进行动态实时调整模型参数。动态实时调整模型参数可以根据用户的实时反馈和行为来对模型参数进行调整,以使其更好地适应当前的对话场景。例如,如果用户经常提出某些类型的问题,ChatGPT 就可以通过增加这些问题的训练数据和优化相关的模型参数来提高回答的准确性和效率。这种方式的优点是能够更好地满足用户的需求,但是也需要更多的计算资源和数据支持。

(1) 动态自适应。

在学习中,模型会实时地根据用户反馈来动态调整模型参数,从而提高模型的性能。具体来说,用户反馈可以分为两种类型:正反馈和负反馈。正反馈表示用户对模型的输出比较满意,而负反馈表示用户对模型的输出不满意。通常,需要使用一些高效的算法和数据结构来实现在线学习方法。例如,可以使用梯度下降算法来更新模型参数,使用缓存策略来存储用户反馈等。

动态自适应实现方式比较复杂,需要考虑多种因素,如模型的稳定性、数据的实时性、用户的反馈质量等。

在实现在线学习方法时,通常需要考虑以下几方面。

① 为了实现动态自适应,我们需要实时收集用户反馈数据,并根据这些数据来调整模型参数。因此,我们需要具备高效的数据采集能力,以便快速获取用户反馈数据。

② 为了确保反馈数据的质量,我们需要进行数据预处理。这包括清洗数据、去除重复信息、处理缺失值等。通过数据预处理,我们可以提高数据质量,从而更好地反映用户需求。

③ 动态自适应要求我们根据用户反馈数据不断优化模型参数。因此,我们需要采取适当的优化策略,如梯度下降法、随机梯度下降法等,以实现模型的持续改进。

④ 为了实时评估模型的性能并作出相应的调整,我们需要对模型的性能进行监控。这包括计算各种评价指标,如准确率、召回率等,并根据评价结果调整模型参数。

总体而言,为了实现动态自适应,我们需要具备高效的数据采集能力、强大的数据处理能力、适当的模型优化策略以及实时性能监控与调整的能力。只有这样,我们才能更好地满足用户需求并不断提升模型的性能。

(2)静态自适应。

在学习中,模型会在训练阶段将用户最初的反馈,作为一些权重来设定调整模型参数,从而提高模型的性能。其实现方式比动态自适应要简单一些,因为数据是离线收集的,可以在训练阶段一次性使用。在学习中,通常只需要考虑如何选择合适的反馈数据,如何对反馈数据进行加权,以及如何将反馈数据与模型参数进行融合等问题。

在实现静态自适应方法时,通常需要考虑以下几方面。

① 在实施静态自适应技术时,对数据质量、模型稳定性及反馈数据数量均应予以考虑。为确保数据质量,可采取离线收集用户反馈数据来训练模型,期间需精心筛选高质量数据源,例如,利用特定的过滤器剔除低质量的反馈数据,或利用高级的机器学习算法鉴别数据质量。

② 模型稳定性在很大程度上影响了静态自适应技术的实施效果。为保障模型的稳定性,实施过程中可运用诸如正则化之类的方法抑制过拟合现象,或引入各类控制机制确保模型的稳定性。

③ 对于反馈数据的数量也需要谨慎对待。过多的反馈数据可能导致模型过拟合,而过少的数据则可能导致模型欠拟合。因此,在实施过程中,要合理选择数据源,以达到最佳的训练效果。

④ 为确保静态自适应技术的实施效果,需对模型的性能进行严谨的评估。这可以通过诸如使用评价指标进行模型性能的全方位评价,或利用机器学习算法对模型性能进行预测等手段来实现。

2. 结合知识图谱与大模型的自适应学习

在基于知识图谱的自适应学习中,学习内容库和学生的学习结果都被建模为知识图谱,自动化系统通过对比内容库和学生领会到的知识图谱的差异,关注尚未被掌握的联系并将相关内容推送,最终使得学生知识图谱与目标知识图谱趋同,完成学习目标。

知识图谱能很好地刻画学习内容,较好地刻画学习结果,但是仍缺乏对学习过程的关注,并且缺乏一定的灵活性。一方面,仅靠知识图谱,是无法分析学习者在没有标准答案的主观题上的学习结果的;另一方面,知识图谱也无从了解学习者的分析过程,只能比对读者得到的最终结果与标准结果间的差异。而这些问题,通过近年来兴起的以 ChatGPT 为代表的大型语言模型(large language model,LLM)可以很好地改善。

ChatGPT 是一种基于 Transformer 的大型语言模型,它可以根据历史对话数据生成自然语言回复。为了进一步提高 ChatGPT 的自适应学习能力,可以结合知识图谱来优化大模型的表现。知识图谱是一种结构化的知识表示方法,它可以将实体、属性和关系组织成一个图形结构。

(1)知识图谱的构建。

知识图谱的构建是基于实体、属性和关系的。实体是指现实世界中的任何事物,可以是人、地点、组织、物品等。属性是指实体的特征或属性,可以是实体的名称、描述、年龄、性别等。关系是指实体之间的连接或联系,可以是家庭关系、工作关系、地理关系等。知识图谱的构建包括以下几个步骤:

实体识别:首先需要从原始文本中识别出实体,可以使用命名实体识别(named entity recognition,NER)技术来实现。NER 技术可以识别文本中的人名、地名、机构名等实体。

实体链接:将识别出的实体链接到知识库中的实体。实体链接可以通过实体名称、描述、上下文等信息来实现。

关系抽取:在知识库中,实体之间的关系可以通过文本中的语义关系来抽取。关系抽取可以使用自然语言处理技术来实现,例如依存句法分析、语义角色标注等。

知识库构建:将识别出的实体和抽取出的关系存储在知识库中。知识库可以使用图数据库来存储,如 Neo4j、ArangoDB 等。

(2)知识图谱的应用。

基于知识图谱的自适应学习方法可以应用于多种场景,包括自然语言处理、推荐系统、问答系统等。

问题解析：在问答系统中，首先需要对用户提出的问题进行解析。解析的过程包括识别问题的意图、提取问题的关键词、构建问题的语义表示等。可以使用自然语言处理技术来实现问题解析。

知识图谱查询：在知识图谱中，可以使用 SPARQL 语言来查询实体和关系。可以将解析出的问题转换为 SPARQL 查询语句，从知识图谱中获取相应的答案。

答案生成：根据查询结果，可以生成合适的答案。答案生成可以使用自然语言生成技术来实现。

反馈更新：根据用户的反馈，可以更新知识图谱中的实体和关系。例如，如果用户提供了一个新的实体或关系，可以将其添加到知识图谱中。

(3) 实现方式。

基于知识图谱的自适应学习方法可以通过多种方式实现。下面将介绍两种常见的实现方式。

增量学习：增量学习是指在已有模型的基础上，根据新的数据进行模型更新。在基于知识图谱的自适应学习中，可以使用增量学习方法来更新模型。具体来说，可以将知识图谱中的实体和关系作为新的数据，利用增量学习方法来更新模型。增量学习可以使用动态自适应方法和静态自适应方法来实现。

动态自适应方法是指在模型运行时，不断地将新的数据加入模型中进行学习。在基于知识图谱的自适应学习中，可以使用动态自适应方法来实现增量学习。具体来说，可以将知识图谱中的实体和关系作为新的数据，不断地将其加入模型中进行学习。动态自适应方法可以使模型能够快速适应新的数据，但也可能会导致模型的性能不稳定。

静态自适应方法是指在模型运行前，将新的数据加入模型中进行训练。在基于知识图谱的自适应学习中，可以使用静态自适应方法来实现增量学习。具体来说，可以将知识图谱中的实体和关系作为训练数据，重新训练模型。静态自适应方法可以使模型性能更加稳定，但也需要额外的时间和计算资源。

迁移学习：迁移学习是指利用已有模型的知识和经验，来加速新模型的学习过程。在基于知识图谱的自适应学习中，可以使用迁移学习方法来加速模型的学习。具体来说，可以利用已有模型对知识图谱中的实体和关系进行预测,将预测结果作为新模型的输入数据。使用迁移学习方法可以减少新模型的训练时间和计算资源,同时也可以提高模型的准确性。

基于知识图谱的自适应学习能力可以提高 ChatGPT 等大型语言模型的表现。知识图谱的构建包括实体识别、实体链接、关系抽取和知识库构建等步骤。在问答系统中,可以使用知识图谱来解析问题、查询答案、生成答案和更新知识库。基于知识图谱的自适应学习可以使用增量学习和迁移学习等方法来实现。增量学习可以使用动态自适应方法和静态自适应方法来实现,而迁移学习可以利用已有模型的知识和经验来加速新模型的学习过程。

3. 结语

ChatGPT,作为一款智能对话系统,具备自适应学习和智能回应的能力,能够为学生提供个性化的学习体验。通过该系统,学生可以获得即时的问题解答和辅导,并在学习过程中得到实时的反馈和指导。此外,ChatGPT 还能根据学生的学习历史和兴趣推荐个性化的学习资源,以帮助学生更有效地掌握知识。

通过与 ChatGPT 的交互,学生可以获得个性化的学习支持和指导,进而提高学习效果和学习动力。这将有助于激发学生的创造力和自主学习能力,并培养其自我管理和解决问题的能力。

如果大型模型仅能提供文字形式的学习内容,那么对于更适应图像或视频的学习者来说,使用起来仍然会有很大的困难。然而,诸如 DALL-E 等其他语言图像大型模型及数字人技术已经可以将文本信息进行多模态数据转换,并将其灵活地转换为各种不同的数字学习资源,如教学视频、PPT 等。

因此,在语言大型模型的时代,更加灵活、通用以及个性化的自适应教学形式极有可能在很大程度上帮助现有的人类教师完成绝大多数的传统教学工作,同时也将丰富学习者自学时所能触及的学习资源。在知识图谱、生成式语言模型、多模态数据转换等创新技术的支持下,自适应学习有望成为未来学习中的一大重要基石,深度参与到每个人的终身学习过程中。

4.1.3　实现自适应学习的一些新技术

此外，未来，各类新技术的产生与普及，可以为自适应学习服务提供更多层级的支持。

1. 在学习方式上，便携电子学习设备的普及为自适应学习提供终端支持

学生通过手持笔记本计算机、平板计算机、智能手机等便携设备进行无缝学习，正逐步成为常态。而网络学习平台的跨终端性与各类教育 App 的快速增长，使得学生在不同学习环境承接的基础上，能够实现学习材料的便捷、无缝衔接。学生的学习时间、学习材料、学习环境与学习空间得到进一步拓展，这一切都为自适应学习提供了技术支持。

2. 在学习平台上，自适应学习技术的逐步成熟为学生获取自适应学习材料与
**　　活动提供了教学支持**

依据学习行为习惯与学习偏好自动调整学习材料的自适应学习技术，开始在网络学习平台中应用，如 Knewton 自适应学习系统应用培生网络学习平台。自适应学习技术改善了学生的数字化学习体验，使得学习材料由传统的统一固定方式传授转变成差异化按需推送。在该技术的支持下，教师能够由原来的标准课程讲授角色，转变成基于学习报告的个别化指导角色。

3. 在学习信息上，可穿戴技术与情感计算的兴起为学生的体征行为数据收集
**　　提供数据源支持**

可穿戴技术包含腕带、智能手表、头戴设备与智能穿戴。在医疗保健市场中，基于健康的腕带得到广泛应用，该技术通过追踪人体活动进行数据统计与分析，并且依托 App 返回结果。随着生物计量传感器的发展，可穿戴技术正逐渐追踪到人体的生物信息，包含压力与情绪波动。在教育领域中，应用不同类型的可穿戴技术，可收集到学生注意力、学习情绪、学习压力等方面的数据，据此为自适应学习特征分析提供数据源支持。

情感计算是指通过机器对人类情感进行识别、翻译与仿真。它由计算机通过摄像头对人脸与手势行为进行捕捉，并且应用算法进行探测分析演变而来。尽管其当前应用主要集中在捕获与分析情绪反应,以改善产品或者媒体反馈的效率与有效性,但该技术在开发社交与情绪技能上(如同理心、自我意识与人际关系)拥有较大的潜力。在自适应学习上,能够通过情感计算对学生的情绪特征与社交关系进行解析。

4. 在学习计算上,先进的学习分析技术与机器学习为分析个性化行为数据提供理论与算法支持

学习分析方面,先进的学习分析理论与技术开始逐步向教育领域中渗透,新兴网络学习平台开始融入可以分析学习活动与行为的教学报告与图表界面,用以帮助教师更好地监测与指引学习者。机器学习的兴起,则在学习数据预测、学习行为模式识别与学习群体特征分析等方面发挥着重要作用,通过大量训练集与测试集,能够生成较稳定的学习预测模型。在自适应学习分析方面,通过整合学习分析理论与机器学习算法,能够得出更为精准反映个性特征的学习者模型,为自适应学习服务提供推送依据。

在上述各类终端、平台、数据、算法与理论等新技术的支持下,当今,我们需要进一步对学生的内在与外在的学习行为信息进行收集,并且通过计算分析得出学习者的自适应学习特征,这些特征如下。

(1) 基于眼动行为的学习注意力判断。

学习注意力是反映学生参与度与关注内容的重要分析指标。在数据捕获上,在正式的课堂学习环境中,能够通过台式计算机与眼动仪追踪学生眼动数据;而在非正式泛在学习环境中,可通过平板计算机与智能手机中的摄像头捕获眼动数据。在分析内容上,基于眼动数据,我们既能够分析学生注意力类型,如持续性注意力、选择性注意力、转移性注意力与分配性注意力;又能够判断学生的学习内容与呈现类型偏好,为自适应学习资源在时间与呈现类型设计上提供依据。

(2) 基于脸部行为的学习表情识别。

脸部表情识别是近年来计算机视觉与机器学习领域的一项研究热点。通过脸部运动单元分析、隐马尔科夫模型、模式识别等不同算法,能够对学生在网络学习过程中表现出的厌恶、愤怒、高兴、惊奇等表情特征进行分析。

当今,脸部识别技术在分析算法的复杂度上与识别精确度上都有了进一步提升,可以

对静态图像与动态画面进行识别分析,即通过整合脸部表情识别技术,结合学生目前的学习材料与学习活动类型,能够分析并且得出学生的学习偏好与学习兴趣的准确判断。

（3）基于心理行为的学习情绪分析。

进一步说,脸部表情识别能够分析学生的外在学习行为表现,而当学生在学习过程中未表现出表情特征时,则可以通过监测其心理状态了解其情绪特征。如今,通过心电图(electrocardiogram,ECG)、肌电图(electromyography,EMG)与皮肤电反应(galvanic skin response,GSR)等设备,能够分析学生的心理状态改变,据此能够了解学生的内在情绪状态。该技术的应用有助于分析学习材料设计的难度与适应性。

（4）基于脑部行为的学习心智推理。

心智模式是由苏格兰心理学家 Kenneth Craik 提出来的,它是一种内在心理机制,影响人们的观察、赋义、设计与行动。脑认知科学、神经科学与生物科学的协作探索,使得人们能够对人类的脑部行为特征与状态进行测量分析。在信息收集上,如今能够通过脑电图描记器(electroencephalography,EEG)对学生大脑活动信息进行有效监测。基于这些信息,能够尝试探索不同学生的学习风格、思维习惯、认知特征等,进而确定学生的个体体征。

4.2 人工智能时代,未来教育什么样

4.2.1 人工智能＋教育,人类的"芯"老师

每个人在接受教育过程中都希望碰到一位好教师,都希望能接受优质的教育。可是,优秀的教师资源总是有限的,用人工智能让优秀的教育资源被更多的人享用,是人工智能在整个教育里可以发挥的作用。

人工智能可以帮助教师完成一些很烦琐复杂的工作,如每日的作业批改、口语测评等。以后若机器在这些环节中"学"到更多,机器就能够做得更精准。可是,人工智能只是一个辅助,由于教育本身是教会人解决问题,因此它不会完全取代教师,只是帮教师做一些重复的工作。

人工智能在认知层面能够解决哪些难题?举一个例子,如今越来越多领域的后台电

话的客服被机器取代,如拨打中国移动、中国联通的电话,后台很有可能是一个机器。为何它能做到呢,就是问题领域若是受限的,要解决的难题就也是有限的,认知智能能够给出这些问题的解答。同样,机器能够批改作文,若是题目明确,并且已有了作文的样本,机器通过对两百篇、三百篇作文的"学习",就能够评阅几万、几十万篇的作文。

这些"芯"老师不仅能够识别语音、文字,还能将学生的学习与情绪状态相关联,像一个有情感的人一样对待学生。

在《计算神经科学前沿》(*Frontiers in Computational Neuroscience*)杂志中,来自人工智能研究中心的 3 位专家发表了他们最新的成果与答案——ARTIE (affective robot tutor integrated environment,直译为"情感机器人助教综合环境")。ARTIE 要解决的就是:机器人助教若可以增加情绪识别与鼓励这一维度,将更能增加学习的有效性。

ARTIE 项目的负责人 Cuadrado 博士指出,他们最主要的目标就是能够设计出这样一个人工智能系统,首先识别学习者和教育软件互动时的情绪状态,然后通过机器人助教进行教学活动,最终提升学习体验。

那么,到底什么是 ARTIE?

ARTIE 不是某一个机器人,而是一个计算架构模型,它包含以下 3 部分:第一,已有的教育软件(目前是小学阶段的教育软件);第二,可以识别学习者在与教育软件互动过程中的情绪状态;第三,能够为学习者提供个性化的情绪及教学上辅助的机器人。

具体来说,研究人员重点关注 3 个认知情绪状态:集中的(concentrating)、分心的(distracted)、不作为的(inactive)。利用键盘的敲击及鼠标动作预测学习者处在这 3 个认知状态中的哪一种。机器人助教会选择相应的和认知情绪状态相符的教学活动,通过面部表情、肢体语言、语音语调等进行教学上的干预。他们的第一个机器人助教叫作MONICA,使用 ARTIE 的这个计算架构连接教育软件 Scratch 与教学机器人 NAO。

这个研究的价值在于,第一,我们能够通过相对经济的方法识别最有可能影响学习过程的情绪,而且通过机器人进行教学干预。自然,该研究团队的下一步就是通过摄像头、话筒等识别愈加复杂的情绪,以及更长期地测验机器人助教对学生学习曲线的影响。第二便是展示了这种可以普遍运用的架构;通过这样的架构,能够依据不同的教学目标,结合更多教育软件完善机器人助教的功能。

尽管如今机器人助教还无法取代学校教师,可是,Cuadrado 博士认为他们已经发现机器人助教在帮助学习者达成具体学习目标上非常有效。

2016 年,国内推出情绪识别引擎的 FaceThink 公司,宣布获得好未来千万级人民币 Pre-A 轮融资。公开信息显示,其核心产品为情绪识别引擎,通过人脸检测、关键点跟踪检测,以及情绪识别等,准确识别用户的喜怒哀乐,实时分析用户情绪反馈,"情绪智能,让你的产品更懂用户",是 FaceThink 的口号。

创始人杨松帆表示,作为技术提供方,FaceThink 提供一套针对中国人优化过的表情识别 SDK,将情绪识别功能嵌入产品,为 B 端用户提供详细的数据分析和展示,反馈给 C 端用户,教育行业是其第一个涉足的领域。据了解,基于面部表情识别技术,FaceThink 正在与好未来合作研发学习测评系统。

好未来曾公开表示,即将推出基于人脸表情识别技术研发的学习状态测评系统,对孩子上课期间的表情进行实时采集,从专注、疑惑、高兴、闭眼 4 个维度分析其听课状态,形成注意力曲线学习报告,反馈给老师和家长,从而让老师根据学生的情况优化课程和教学内容。

在人工智能时代,机器人开始进入教学场景,除了答疑解惑的 AI 助教,还能提供一个能够识别学生情绪的情感机器人。

4.2.2　未来什么样的教师更受欢迎

当然,人工智能的进步并不意味着我们不再需要教师了,而是对未来教师提出了新要求。

种种迹象表明,中学教师的需求量将会小幅减少,但小学教师的需求将维持现有水平,因为在指导、鼓励、维持秩序,全面关注个体发展等方面,年幼的孩子仍然离不开人类教师。未来的学习将会变得更快速、更高效,课堂活动的机会将会大大增加,人工智能教师、AI 助教帮助教师完成了许多知识性和重复性的工作,而人类教师的教育性也因此更为重要和突出。

教师们从此不用再熬夜批改作业,可以由计算机代劳,也不再需要为绞尽脑汁写家长报告而烦恼。学校将根据学习者的需求给予其清晰的指导,帮助他们取得进步。从此,成功的学习真正成为教学系统的核心。

因而,未来,情商高、人性化的教师更受欢迎。

有人认为,在解决社会问题方面,人工智能会比人类做得更好。但需要强调的是,情感性格是人类独有的,在指引人类穿越不确定的未来时发挥着至关重要的作用。教师也是如此,教师带给孩子的关心、关怀是他们的优势所在。

拥有学习意识、开放意识、创新意识的教师更受欢迎。

随着信息技术的不断发展,如何利用新技术、用好新的技术,为学生呈现出最好效果的教育,是未来教师必须研究的课题。

交流、沟通能力强的教师更受欢迎。

虽然技术在发展,但这终究只是一种人机互动,更好地、全方位地与学生互动是教师的优势。人类情感的细微改变还需要人类来捕捉。

以学生个性化发展为中心的教师更受欢迎。

新技术的发展其实也是在实现更好地为个体学生服务的过程,以期让每个学生接受更为个性化、更有针对性的教育。人们越来越呼唤回归"人"的教育,教师对此应充分重视。

视野广阔的教师更受欢迎。

未来世界,知识正在快速发展。如何尽快地汲取新知识、更好地为学生开阔视野是教师们必然面临的问题,只有这样,才能满足学生不断提升综合素质的需要。

4.2.3　人工智能时代,学生要学会什么

在面对被 AI 抢走工作的窘境与焦虑方面,国内很多专家同样意识到问题的严重性。

在人工智能时代,有七成的工作还没有出现。对此,有研究机构呼吁,如今学校教材知识陈旧,不能培养适应人工智能时代的人才,学校教材急需更新。

表面上看,为了让学生们适合未来的人工智能时代,学校教材内容都必须进行大幅度修改,否则就会与未来需求脱节。可问题是,技术在飞速发展,教材内容再怎么更新,也会有滞后,那该怎么办?

传统教育的问题,在于让学生记住知识,重视知识灌输,而不是学会学习。在升学教

育导向下，学校普遍选取灌输教育方式，要求学生牢固掌握知识点，机械地背记。而学生学习知识的首要目的是为了考出高分，以便升入更好的学校。沿着升学教育的思路，自然需要更新教材，以便让学生学会新知识，适应新时代。但这种知识教育导向本身就存在严重偏差。

教育应当改革的是当今的知识教育导向，要在教学中关注学生的学习能力培养，这不仅需要改革教材，更需要改革教学模式，以及人才测评体系。在教学中，培养目标不应是强调学生对知识的掌握，而是要学会独立思考、批判与质疑，进入教学的知识要有利于学生学会学习、学会思考。促进学校调节教学目标，就需要打破如今的单一分数测评体系，要在人才测评中关注学生的综合素养。

调查表明，知识对一个人成才的作用不足 5%，能力和经验更重要。

对于教育、培养学生来说，最重要的不是让他们记忆某些知识，而是要通过学习知识学会学习，只要学会了学习，拥有了自主学习能力，就能够适应快速多变的社会。不论社会如何变化，他们都可从容应对。这也是构建学习型社会的价值所在，即让各个劳动者能根据时代的改变，更新知识结构。

如今大部分中小学的课堂教学依然停留在低阶能力、低阶学习和低阶思维的层次上，没有有效地促进学生高阶思维能力的发展，也没有有效地塑造学生适应社会发展所需要的核心素质和能力培养。学习知识的认知过程可以分成记忆、理解、应用、分析、测评和创造 6 个阶层。其中，记忆、理解、应用被称为低阶思维，分析、测评、创造被称为高阶思维。高阶思维是发生在较高认知水平层次上的心智活动或者较高层次的认知能力，主要由问题求解、决策、批判性思维、创造性思维这些能力构成。

教师没有从根本上审视过自己的教学材料和教学手段。许多教学时间学生都在反复做练习，教师的要求是会做、做对。尽管这种方式会使学生考出好成绩，但对培养学生的高阶思维能力并没有太多帮助。这种教学方式让学生养成的是低阶思维习惯。在探究活动中，也存在类似的状况，许多学生用互联网只是做一点资料的简单收集和整理工作，而没有加入自己的深度思考，这其实是把高阶思维转换成低阶思维的表现。

课堂教学没有高阶的问题设计，最适合发展高阶思维的教学，是以思维为基础的问答策略的设计。教师教学问题的设计包含口头和书面问题，是教学可以培养学生高阶思维的最有效手段。开放性的、挑战性的、没有标准答案的、需要学生收集查询资料才能有结论的、需要学生使用他们的思维深度思考才可以回答的问题,才是激发学生的高阶思维技能的好问题。

因此,教育的基本思路是要培养思维能力。日常的低阶思维就像我们普通的行走能力一样,是每个人与生俱来的。可是,良好的高阶思维能力就像百米赛跑一样,是一种技术、技巧上的训练结果。通过恰当的教学条件支持,学生的高阶思维能力是能够培养和训练的。

一种是开设专门的思维训练课程,通过这种课程培养学生的高阶思维能力;另一种是由学科教师担负起培养学生高阶思维能力的任务,教师要在课堂教学中有意识地发展学生的高阶思维能力。课程材料和教学手段要和高阶思维能力目标的培养紧密结合。

使用探究、发现和研究型学习的模式,如小组协作学习、主题讨论、案例学习、角色扮演、项目研究、模拟性决策和问题求解等学习活动,有利于发展学生的高阶思维能力。尤其是发现式学习,能较有效地促进学生高阶思维能力的发展。教师要变革教学方式,学生要转变学习习惯,设法让学生投入分析、比较、归纳、概括、求解、调研、实验和创造等一系列学习活动中去,而不只限于要求学生回忆事实性信息的活动。

另外,教学主体要从教师转移到学生。传统教学在主体上以教师为中心,教学方式上通常选用教师照教科书讲,学生在下面被动接受的形式。“高阶思维”教学需要彻底转变这种做法,消除教师和教材对教学和学生学习的绝对控制权,强调学生主动地经常性参与学习实践活动。

从关注知识的传递和掌握到关注学习的过程思维,传统课堂教学的关注重点在于知识的传递和掌握程度,目标是将知识技能传授给学生,以确保他们可以学会必要的知识点和文化。“高阶思维”教学更关注学生在接受知识的过程中是否掌握了学习方法,高阶思维是否得到有效锻炼和提升。

以开放性问题取代封闭式作业,传统教学材料的问题通常是孤立的、封闭的、结构良好的、经年不变的典型例题,很大程度上忽略了与真实生活情境的联系,很难引发学生开展反思、批判、创新等思维活动。“高阶思维”教学强调课堂问题的生成,强调学生可以针对文本提出问题,作出判断,寻找到解决问题的办法。

面向未来,倡导学生主动参与、乐于探究、勤于动手,培养学生收集和处理信息的能力、获取新知识的能力、解析和解决问题的能力及交流与协作的能力。培养学生具备独立思考的能力去面对未来遇到的一切问题,成为一个可以发现问题、解决问题的学生,成为一个学会学习的人,成为一个"人工智能时代的工作者"和"有创新能力的终身学习者"。

4.2.4　人工智能时代的未来教室

未来教室会没有黑板,没有粉笔,没有纸质教材,也没有教师吗?未来教室到底是什么样的?

1. 以人为中心的设计理念

未来教室的设计需要充分考虑到人体工程学原理,实现"人—机—环境"的和谐。例如,考虑到不同阶段学生的身高、体重,学习时间的长短,以及不同的学习形式等,设计出可调节高度、可旋转拼接、让使用者拥有最舒适感觉的课桌椅。

室内的物理条件,如光线、气温、颜色、气味、温度等都经过设计并可调控,据此创造出最有利于学生学习的环境,打造舒适安全和智能的学习空间。走廊或者其他非正式场所同时作为随机的讨论场所和学习角,友好、非正式、放松的互动会令人较容易产生新的灵感和创意。学生看到同伴在认真学习,自然会增强自身学习的动力,从而构建起良好的同伴引力和学习氛围。

不同的学习空间之间可运用玻璃板隔墙。每个学习空间融入自然元素,在这种环境下,学生会在潜意识中产生积极、愉悦的感觉,并且可以打破传统的长方形的教室空间结构,尝试圆形、多边形等空间布局,给学生带来不同的感官体验。

2. 学习空间的可重构性

未来教室必须能满足不同的教学类型,即教室的设计必须可以适用于多种不同类型的教学空间。学习空间的可重构性包含两个方面:一是课堂桌椅的重构;二是空间的可重构性。桌椅的重构性表现在教室内桌椅的位置不是固定不变的,而是可以依据不同的教学类型,灵活、快速地进行拆分和重组。

如日本东京大学 KALS 未来教室选用的豆瓣型课桌,可满足 2～6 人的协作学习组合。空间的重构性是指,教室内装有可切换透明度并且可通过控制实现自由移动的玻璃。通过切换透明度可决定是否能观察到不同学习区域学生的学习状态,通过控制玻璃的自由移动,可在一间教室内划分出不同的学习区域,以适应不同的教学情境;或者把两间教室合并成一间大教室。

并且,学习空间不应局限于教室内,可将其延伸至走廊,甚至是整个校园,可随时随地进行学习,打破时间和空间的障碍,而且可和自然生态空间进行连接。另外,还可在走廊安放圆桌、沙发等,提供给师生一种轻松舒适的可进行小组协作或者随时随地都可进行讨论的空间;校园内设有木桌、长椅等基础设施,并且保证无线网络可运用,供个人或者小组进行自主、协作学习。

3. 高科技的智能技术和装备

除了普通教室拥有的基础设备外,未来教室还配有多种先进的软、硬件设备。交互式电子白板是未来教室里最常见的设备之一,通过电子白板,教师可将不同媒体资源进行整合,创设课程情境,使学习者进行自主、协作学习,并且电子白板的交互性能够提升学习者的课堂参与度。

平板计算机的运用转变了学习者的学习方式,教材的电子化、可随时获取学习资料的移动学习、及时的在线测评等应用强化了每个学习者的课堂参与度,并且增强了学习者的自主学习能力,也有利于教师对学习者学习状况的把握。通过智能录播系统,师生可进行课后反思巩固,也让家长了解到孩子在校的各类学习状况。

学教中心将非传统意义上的学习场所——走廊进行了改建,安放了桌椅、沙发,配以柔和的灯光,为学习者进行即兴讨论、小组学习和师生间的交谈创造了条件,将学习从室内延伸到了室外。

学习空间在教室外设置了临时讨论区。该讨论区配有舒适的两张单人沙发和一张多人沙发、三个圆桌,可把笔记本、书籍或者咖啡等放于桌上,并且提供数块可供书写的白板。空间上方柔和的灯光给人舒适的感觉,学习者可通过无线网络查找资料,进行讨论交流。

　　工作室的中间摆放可 360°旋转的椅子,全部椅子围成一个大圆形。工作室的四周各配有一块巨型白板,供教师书写。在白板中间挂有等离子屏幕,可播放图片、视频,或者是切换到网站进行教学。工作室还为学习者提供了数个便携式手写白板,并且教师可通过控制器调节室内光线,如使光线变得柔和,就此让学习者可以安静地回顾刚刚学到的知识。

　　教师可在公共区的电子白板上进行授课,布置完任务后,学习者们会站在公共区讨论,或者是去工作室利用那里的投影机、网络、电子白板等资源,或者是一群人坐在沙发上,或者是搬几把椅子在圆桌旁坐下。通常,学习者们的讨论都会非常激烈,冲泡咖啡的频率很高,甚至会点比萨外卖。这种小组式学习和灵活多变的小组组织形式能够极大地激发学习者的积极性和创造力,造就他们检索资料、自主学习和协作探究的能力。

　　在人工智能时代,学习者和教师在崭新的学习空间下选用多变的教学方式获得成功。学习者和教师之间可以获得近距离的接触交流,小组成员之间为了共同的学习目标而勤奋学习,学习活动从室内延伸到室外,这些特点将会使学习者在同样的时间内获得更大的收益。

4.2.5　人工智能时代,必须关注学校教育三大变革

　　传统的学校模式是在英国工业革命时期开始发展的,学校的最初使命是向工人阶层教授工作所需要的技能,向精英阶层传授管理政府、企业与军队的能力。相对来说,传统的工业化思维是基于资源稀缺的一种线性思维模式,从 A 到 B 到 C 到 D,其中存在天然的逻辑关系,其特点是追求效率、标准和规模。在这种模式中,教师站在讲台前授课,学习者们被动地做笔记、应付考试,学校则根据考试成绩评测学习者是否达到标准。

　　从 30 年前开始,计算机对学校的影响日增,但计算机只是起着辅助教学的作用,并未对现有的教学模式产生冲击——教师们不再需要拿着粉笔在黑板上写板书,取而代之的是在计算机上展示影像。这种做法加快了课程的进度,但却没有改变教学的基本模式。

　　21 世纪,人类从工业时代越过信息时代,即将进入智能时代,现代学校模式显然无法

适应未来的需求。无论是在中国,还是在世界范围内,学校都面临着革新。可以预见,未来 25 年,学校将会发生翻天覆地的变化。

教育革新因素中最重要的一点,就是人工智能(AI)的发展。

而"人工智能＋教育"要想取得成功,就不能满足于对传统教育模式的缝缝补补,而是需要在信息技术支持下促进教育流程再造,用全新思维改造学校,探索新型教育服务供给方式。

"人工智能＋教育"不是在线教育,而是一种变革的思路,是要以智能互联网为基础设施和创新要素,变革教育的组织模式、服务模式、教学模式等,进而构建数字时代的新型教育生态体系。

1. 打破传统的教学结构

传统的教学结构建立在班级授课制的基础上。作为工业时代的产物,班级授课制强调标准、同步、统一,尽管难以照顾个性差异,但却为机器大生产时期大规模批量培养了符合特定标准的产业工人,为人类社会从农业时代进入工业时代提供了重要的人力资源。

但是,当人类社会全面迈入人工智能时代,传统的人才培养方式已经不再适用了。美国教育技术办公室于 2024 年 10 月发布《赋权教育领导者:安全、道德和公平的人工智能整合工具包》,建议学校制定 AI 整合路线图,结合证据和社区参与。

面对当今智能化浪潮下的教育人工智能我们必须主动迎接挑战,较好地顺应技术发展趋势,助力教育变革。教育人工智能通过人工智能技术,可以更深入、更微观地窥视、理解学习是如何发生的,是如何受到外界各类因素(如社会经济、物质环境、科学技术等)影响的,进而为学生高效地进行学习创造条件。

2024 年 11 月 20 日,教育部办公厅印发《关于加强中小学人工智能教育的通知》,通知强调要构建小学低年级以感知体验为主、初中以理解应用为主、高中以项目创作和前沿应用为主的阶梯式课程体系,并纳入课后服务和研学实践,2030 年前在中小学基本普及 AI 教育。总体来看,重新思考人才培养目标,培育面向未来的核心素养,已经成为国际共识,这从根本上动摇了传统的教学结构。此外,来自一线的创新实践也正在给传统的教学结构带来冲击,未来的教学将会打破固有的课时安排,跨越学科与学科之间的界限,围绕学生的真实生活重建课程体系，形成个性化的学习支撑体系，为每一个学生提供私人定制的教育，这将成为未来学校变革的主导趋势。随着传统教学结构的瓦解，"人工智能＋教育"将从注重"教"的信息化转向注重"学"的信息化。

教育人工智能的发展，意味着学习者能够受益于个性化教育——学习者坐在带有摄像头的屏幕前，摄像头会读取学习者的面部表情，教学将会变成体验式活动。如果学习者无法正确回答问题，计算机程序将会辨别难点，并且像教师一样调节教学难度。在传统课堂上，教师通常要面对二三十名，甚至是五十名学习者，这使得教师难以对每位学习者进行单独指导，但计算机却能够做到这一点。这种新的教学模式已经兴起，不过，目前还没有正式走进学校。

实现这一技术的成本不高，只需为每位学习者配备键盘、屏幕、摄像头或者感应器即可。过去，学习者一旦遇到难点，就会拖慢整个班级的学习进度，如今，这种障碍已被扫除。在新的学习模式中，每个学习者都能按照自己的进度学习，他们学得更专注、更快速。曾认为数学、物理或者地理难学的学习者将会发现，他们的学习成绩得到了大幅提升，他们能在即时的学习反馈中进步并体会快乐，因而有了信心和动力面对更新的挑战。

2. 打破封闭的办学体系

传统学校是一个相对封闭的圈子，学校的课程、师资以及各种设施设备都是独占的，无法被外部社会广泛共享。但未来我们将可以在网上找到任何一门教材、任何一节课的优质课程资源。未来学校将会更加开放，通过线上、线下结合的方式，采用 O2O 模式办学，让学生走出课堂、走进社会，享受社会上的一切优秀教育资源。未来的学校不会完全转移到线上，仍旧会有物理性的存在，但是，学校的功能将发生重大改变。现在的学校是一个学生接收信息的空间，但是在未来，学生们可以在家里通过观看线上视频等形式接收信息，然后到学校和老师、同学就自己学习的内容进行讨论。学校将变成一个社会性的空间，是一个互相讨论、互相学习的场所。

未来的学校是一个开放的组织系统。智能互联网将彻底打破学校封闭的办学体系，学校将变成汇聚优质教育资源的"淘宝平台"。未来的学校利用信息技术挖掘外部社会一切有利的教育资源，学生的学习场所不再固定，随着课程的不同，既可以在教室学习，也可以在社区、科技馆和企业学习,甚至可以去不同城市游学。而学校则更多是提供学习环境、成长导师以及富有特色的课程。最终,学校将突破校园的界限,任何可以实现高质量学习的地方都可以看作是学校。

3. 打破固化的学校组织形态

学校是一个有计划、有组织地进行系统教育的组织机构,其形态在历史上经历过多次变迁。今天,传统学校的组织形态优势正在退化,而劣势则在新的时代背景下更加凸显,尤其是标准统一、组织固化、运行机械以及在创新能力培养上的缺陷都让学校教育饱受质疑。

未来的学校将打破固化的组织形态,采用弹性学制和扁平化的组织架构,根据学生的能力而非年龄组织学习;根据学生的个性需求提供灵活的教学安排,而不是按照统一的教材或者固定的课程结构。打破现有的学制,加强不同学段之间的衔接,更好地满足当代学生自主发展的需求,为学生提供富有选择、更有个性、更加精准的教育。学校的组织架构和管理方式也会随之变化,学生将会更多地参与到学校的组织管理当中,各项学校事务都充分尊重学生的意见,鼓励学生自主管理,培养学生成为有主体意识、道德情操、国家意识和世界精神的未来公民。完善学校治理结构,增加家长和社区在学校决策中的参与度,促使学校从封闭走向开放,学校与社会、家庭形成良性互动,共同为学生创设多元融合的育人空间。

同时,在未来,独立优秀教师群体或人工智能教师将会崛起,一大批具有创新精神、善于运用互联网手段进行教学的优秀教师会从公办学校走出来,以个性化的教学方式扩大教育供给,推动在线教育乃至整个教育行业的转型升级。教师在整个学习过程中的功能会发生改变。以前照本宣科的传授、宣讲知识的技能,要让位于组织学生讨论的技能,让位于从数据中获取学生学习信息的技能,让位于根据数据对学生进行个别引导的技能。

在此过程中,人工智能是教师的好帮手。以前,教师不知道哪些部分的内容是学生认为困难的、哪些学习材料是学生感兴趣的、接下来的教授重点是有多少种教案以外的可能,智能分析数据可以为他们提供这些信息,从而更深入地了解学生的学习兴趣和学习风格。这个过程中一定会遇到一些困难,但如果教师们掌握了这些技能,学习将比现在变得更美好。

4.3　人工智能时代,教育还有什么可能

4.3.1　人工智能在教育领域的可能应用

1. 智能识别辅助教与学

智能口语评测包括语音识别和口语评测。语音识别是识别说话者究竟说了什么,而口语评测是判断说话者说的话是否准确。与人类考官相比,应用人工智能的口语评测考试,准确性更高,更公平。例如,已有智能软件供应商提供社会化口语评测服务,每天有将近一亿次对口语评测引擎的调用,从中可以估算出有接近千万的日活跃用户。

拍照搜题是对图像识别技术的应用。OCR(光学字符识别)技术能将影像转换为计算机文字。利用计算机能够理解的语义信息,拍照搜题类产品能从互联网上搜索题目的答案。例如,学霸君和作业帮,它们都有上千万的用户。

如今已有能通过联系上下文,自动修改英语语法的软件。当批改作业实现自动化之后,教师的大量时间被节省下来,从而能够花费更多的时间去教学生。

2. 教育机器人等智能助手

随着人工智能技术的发展,越来越多的人工智能工具应用于教育领域,成为教师教学和学生学习的得力助手,教育机器人便是一种被广泛应用于教育领域的人工智能型助手,能够帮助教师完成课堂辅助性或者重复性的工作,如朗读课文、点名、监考、收发试卷等,还能够帮助教师收集、整理资料,辅助教师进行备课、科研活动,减轻教师的负担,提升教师的工作效率。

教育机器人作为学生学习的助手,能够帮助学生管理学习任务和时间,分享学习资源,引导学生积极主动地参与到学习活动中,与学生友好协作,促进学生的学习。除了教育机器人,各类基于语音技术的虚拟智能助手也正在成为人们学习的好帮手,如苹果手机中的 Siri 和安卓系统中的 Jelly Bean,人们能够向它们提出任何问题,与其进行逼真的对话,并通过它们快速找到自己所需的线上资源。

3. 居家学习的儿童伙伴

人工智能产品不仅是学校教育中教师与学生的助手,而且也是家庭中儿童的伙伴。例如,由北京紫光优蓝机器人技术有限公司研发的"爱乐优"家庭亲子机器人,就是针对0～12岁儿童设计的伙伴机器人。它不仅可以和儿童一起做体操、唱歌、玩游戏,还能为儿童提供补习照顾,成为儿童的学习助理,促进儿童学习,达到寓教于乐的效果。教育机器人作为儿童的伙伴,一方面可辅助儿童完成作业;另一方面也可以担任儿童的玩伴,并且随时反馈儿童在家的状况。

4. 实时跟踪与反馈的智能测评

智能测评强调通过一种自动化的方式测评学生的发展。所谓自动化,是指由机器担任一些人类负责的工作,包含体力劳动、脑力劳动或认知工作。通过人工智能技术实现的自动测评方式,可以实时跟踪学生的学习表现,并且恰当地对他们的学习表现进行测评。以批改网为例,它便是一个以自然语言处理技术和语料库技术为基础的在线自动评测软件,它能够找到并解析学生英语作文和标准语料库之间的差距,进而对学生的作文进行即时评分,并且提供改善性的建议和知识分析结果。

通过人工智能技术实现的即时评估方式不再局限于封闭式的评估方式,而是能够通过开放的形式,以一种类似于"弹幕视频"的学习方式对学生给出有效反馈和评估。

在华中科技大学的一堂广告创意策划课上,"弹幕教学"亮相。在上课的过程中,学生手持平板计算机或手机,随时能够通过网络发表疑问、提出看法,这些信息会即时展示在课件上。授课教师根据学生的反馈,随时调节授课材料和方式。这种一边听教师讲课,一边通过网络发送文字在屏幕上讨论问题的教学模式,使同学们产生了极大的兴趣。

实时反馈智能测评的互动学习环境与传统授课的区别在于 4 方面:更多建设性学习(或者说学生自己决定学习课题)、学生更主动、更多个性化、学生收到更多反馈。

5. 教育数据的挖掘与智能化分析

教育数据挖掘(educational data mining)是综合使用数学统计、机器学习和数据挖掘等技术和方法,对教育大数据进行处理和解析,通过数据建模,发现学生学习结果与学习材料、学习资源、教学行为等变量之间的相关关系,预测学生未来的学习趋势。对于学生而言,教育数据挖掘与智能化解析可以向学生推荐有助于改进他们学习的学习活动、学习资源、学习经验和学习任务。对于教育工作者而言,教育数据挖掘可以提供更多、更客观的反馈信息,使他们可以更好地调节和优化教育方案、改进教育过程、完善课程开发,并且根据学生的学习状态组织教学内容、重构教学计划等。

例如,从成都市教育局公布的信息来看,他们正在高三年级诊断性考试和高一、高二学生学业质量监测这几个重要考试中试点,尝试通过大数据为学生的学力状况"画像"。高三学生在查询"一诊"成绩时惊奇地发现,他们看到的不再只是一个简单的分数,还附有一份"诊断报告单"。通过这份报告,他们不仅能够了解到自己学科版块知识点和能力点的掌握状况,还能看到对自己的优势、劣势的学科分析。

据介绍,此次高中学生的学业成绩诊断报告便是借助智能数据分析与挖掘的帮助,通过对学生学习成长过程与成效的数据统计,诊断出学生知识、能力结构和学习需求的不同,帮助学生和教师获取真实有效的诊断数据。在市教育局看来,通过这份"诊断书",学生能够清楚地看到自己的问题所在,学习更高效;教师也可针对具体状况选择不同的教学目标和内容,实施不同的教学方式,进一步提升教与学的针对性、有效性和科学性,为学校招生、教学方式和课后活动提供创新的解决方案。

6. 学习分析与学习者数字肖像

学习分析(learning analysis)是一类使用先进的解析方法和分析工具预测学习结果、诊断学习中发生的问题、优化学习效果的教学技能。近年来,随着人工智能科技的进步,通过智能化的数据挖掘和机器学习算法等可呈现学习者数字化肖像,即基于不同类型的动态学习数据,可解析、计算每个学习者的学习心理与外在行为表现特征,刻画出立体化、可视化的学习者肖像,据此为不同学生的个性化学习及教师改进教学提供精准服务。例如,美国普渡大学构建的名为"课程信号"的教师教学支持与学习干预软件便是利用学习分析的各类科技手段帮助教师了解每个学生的学习状况,不断改进教学方法,并且为学习者提供及时且有针对性的反馈。

4.3.2　有了脑机接口技术,学生再也不能开小差了

　　我们都知道,人的一切生理、心理活动信号都靠生物电波传输,人脑实质上是一台生物"电脑",时刻在产生、传输脑电波。

　　早在 1857 年,英国的一位青年生理科学工作者卡通(R.Caton)在兔脑和猴脑上记录到了脑电活动,并发表了《脑灰质电现象的研究》论文,但当时并没有引起人们的重视。15年后,贝克(A.Beck)再次发表脑电波的论文,才掀起研究脑电现象的热潮,但是,直至1924 年,德国的精神病学家贝格尔(H.Berger)才真正记录到人脑的脑电波,从此诞生了人的脑电图。

　　有电流产生,就会有电磁辐射伴生,脑电波也是一种电磁波,人脑本身就像一座电台不断向外发射脑电波信号。接收脑电波就像接收电视信号一样,不需要向大脑内植入芯片,或近距离接触脑皮层。而且专家能从脑电波中分离出思维信号、视觉神经信号、听觉神经信号,其中思维信号转换成声音、文字与图像(类似天线接收的电视信号),因此,依据脑电波改变特征研制出破译思维的仪器也成为可能。

　　来自芬兰赫尔辛基信息技术研究所(HIIT)的一个研究团队,利用机器学习开发出一种技术,能够在人们阅读时读取阅读者的脑电波信号,并以此捕捉他的兴趣点。

　　这个研究团队运用脑电图(electroencephalogram,EEG)感知器监控人们阅读 Wiki文章时的脑信号,并且将它和经过训练的机器学习模型结合起来解析 EEG 数据,同时识别出阅读者感兴趣的概念。

　　这个研究团队运用该技术生成了一系列关键词,这些关键词是阅读者读到包含信息的地方时心理上标记下来(mentally flag)的。这些关键词之后可用于预测和这个阅读者相关的其他 Wiki 文章,或线下帮助过滤一条社交媒体回复,或为增强现实用户实时标记出一条符合其兴趣的内容。

　　该研究团队成员 Tuukka Ruotsalo 认为,他们早已探索了搜索过程中人类大脑中产生的信号,如今他们想要采集极端的信号,尝试直接读取运用者大脑中的兴趣与注意。这是研究人员首次展示基于直接从脑信号中提取关联推荐新信息的技术。

　　他们的研究方向与当今许多脑机接口的研究方向不同。脑机接口技术的基本原理

是，通过记录与分析大脑的信号（脑电波信号、光学信号、核磁共振信号等）推测大脑思维活动，并且翻译成对应的命令控制计算机或其他电子设备可以理解的指令。大多数脑机接口主要研究的都是如何向计算机发出明确的命令，例如，你想控制房间里的光线或者你想做一个明确的指示时，你正在尝试明确你要做一些事情，然后计算机就要试着从大脑中读取你要做的事的信号。

在该研究团队的研究中，这些是自然进行的。只要读者阅读就好，系统不会让读者在读到一个兴奋的单词时去拉胳膊。读者就是在阅读，并且由于文本中有些地方与读者相关，系统能让机器学习和文本唤起的事件匹配大脑信号，并且运用这些信号，而读者只需要读他的书就好，计算机会挑出他阅读中的兴趣点或有关联的地方。因此，在某种意义上，它是纯粹的被动互动。

虽然这个研究只有 15 名测验者与一个脑电帽（EEG cap），而且没人愿意在实验室以外的地方戴上那个帽子，但是，它能够让我们窥探到未来的可能性。一旦有了高质量的EEG 感知器（如人人都愿戴的可穿戴智能帽子），整个过程将不再那么麻烦，而且可切实结合机器学习软件，经过训练后能学会一点读心术时，它就能走出实验室了。

该团队没有通过跟踪任何物理上的身体移动，如眼球运动解释兴趣，他们对关联的理解仅仅是基于他们的机器学习模型解析 EEG 脑波实现的。

Ruotsalo 说他们在数据量适度的数据集上训练模型，只运用了平均 120 词的 6 个文件，各个文件都用来为其对应的测验对象建立模型。实验还包含运用少量的初始化监督学习，运用的是各个维基百科文章的前六个句子。Ruotsalo 表明，在未来的研究中，他们想看看是否能够在没有任何监督学习的情况下达到同等实验结果。

虽然"兴趣"的概念相当广泛，它也许是由读者因各类不同原因在心理上标记的一个关键词，他强调人们已经经过有效训练以这种方式浏览信息，这是因为他们早已习惯运用这种兴趣信号的语言实现数字服务。

Ruotsalo 指出，如今我们在数字世界中所做的，如点赞或单击链接与使用搜索引擎，只要单击了，系统就认为这里面一定有什么。这就使得在没有任何明确的行动下也能获取我们的兴趣，因此，系统其实是从我们的大脑中读取维基百科的。

那么，这就意味着当人们在阅读相当大小的文本时，从他们的思维中提取出兴趣信号是可能的。若你考虑如何在一个人沉浸于某个内容时运用定制营销信息抓取他的兴趣,那么这就有点恐怖了。换句话说,目标广告真正读取的是你的意图,而不仅是你的单击。

Ruotsalo 希望未来将技术应用于其他更好的应用场景。例如,在有大量的信息需要处理并且有众多事情需要控制、记忆的工作任务中,作为一种支持 agent 类型的软件,而且标记上"这对用户很重要",然后能提醒用户"记得查阅这些你感觉有趣的事情"。这样的用户建模能在一个真正的信息密集型任务中自动提取特征,这是很重要的。

即使是搜索类型的场景,用户正在和在线环境进行交互,在投影机上查看数字内容,系统同样能够看到用户对它的兴趣,然后自动检测并为用户注释或者推送个性化内容。

人们早已在数字世界中留下了各类痕迹。研究过去看过的文档,也许会粘贴一些我们以后想要再查看的数字内容,可是全部这些都会被自动记录。然后,人们表达的各类偏好,无论是评级,还是其他内容,都能用于不同的服务建模,而这一切以后全部都能够通过脑电帽从大脑中读取。

还有一种被称为脑电波扫描仪的技术,或人脑摄像机/思维语言接收机,用来接收人的脑电波。不管你想什么,脑电波扫描仪都能接收并记录下来,不用张嘴说话就能把想的事转换成声音、文字或图像。声音通过喇叭输出,文字与图像展示在屏幕上(分辨率很高);视觉神经信号也转换成图像,成为一架人脑摄像机。被扫描者看见什么物体,脑电波扫描仪屏幕上就会展示什么物体。听觉神经信号转换成声音也通过喇叭输出,脑电波扫描仪外形类似 MP4 播放器与中文信息机,可接计算机。

若脑机接口技术应用到教学中,课堂上的学生再也不能开小差了,因为一开小差,教学系统就能通过脑机接口侦测到异常脑电波动,并分别向教师与学生给出提示。学生要自我警醒,集中注意力;教师要注意改变教学方式,重新吸引学生的注意,激发学生兴趣,以及对个别学生进行特别关注。

4.3.3　给你的大脑植入芯片,不用学习了,你肯吗

未来,或许学习者的学习过程不仅可以通过外在行为进行量化适应,而且可以直接通过脑中芯片的存取过程取消。

据上海证券报 2016 年 3 月 22 日消息,美国南加州大学教授 Theodore Berger 在

SXSW 大会上宣布：在对猴子、老鼠的实验中，研究人员通过"人造海马体"完成了短时记忆向长期储存记忆"几乎完美"的转换，这项技术可以完成对人脑记忆的备份，并复制到其他人的大脑中。

人脑记忆备份？复制到其他人的大脑？人类可以直接写入记忆，而再也不用学习？是不是听起来很玄妙？

对大脑的科学研究是对人类自身最大的挑战，一直处于自然科学的最前沿。大脑是人体的司令部，我们如何感知世界，怎样控制运动，乃至人类的记忆、意识、思想和智力是怎么产生的，这些都属于脑科学的研究范畴。

脑研究已成为当代科学研究的热点，越来越多的政府、组织和科学家呼吁加强大脑的研究，继 2013 年年初欧盟投入 10 亿美元的"人类大脑计划"、美国投入 30 亿美元的"大脑基金计划"之后，"中国版人脑工程"计划也成为国内科学界关注的重点。

首先要清楚人的记忆是怎么产生的。说到记忆，不得不提海马体。海马体是大脑皮层中一个环形结构的内褶区，我们日常生活中的短期记忆都存储在海马体中，如果一个记忆片段，如一个电话号码或者一个人在短时间内被重复提及，海马体就会将其转存入大脑皮层，成为永久记忆。所以，海马体是人类大脑中负责将短时记忆向长期存储转换的中转站。

此外，海马体还具备"检索"功能。科学家指出，海马体负责帮助大脑建立信息归档系统，并在需要时快速将有用信息检索出来。

匈牙利神经学家乔治·布扎克在 2006 年出版的《大脑的节奏》一书中指出："如果将大脑皮层想象成为一个巨型图书馆，那么海马体就是其中的图书管理员。"海马体一旦受损或病变，人们就会患上阿尔茨海默症（老年痴呆症）、癫痫、帕金森，以及其他精神障碍等疾病。

Berger 教授是怎么实现人脑记忆备份，并复制到其他人的大脑中的？

Berger 教授团队首先对一只植入芯片的猴子进行训练，让它在 30s 内选择正确的按钮，然后将芯片复制到另一只猴子脑内，第二只猴子同样做到了训练后才能完成的事。

Berger 教授表示，这种复制在猴体的效果接近完美，而在人体正确率目前为 80%（目前，该项试验在 8 名癫痫患者身上已经试验成功），他预计未来有完善到极高精度的可能。

可以肯定的是,大脑能够接受芯片作为替代物或者记忆模块。

那么,Berger 教授的研究可以治愈大脑疾病吗?

Berger 教授团队的研究对人脑工程是一个重大的突破,但是尚无确切的证据表明,芯片可以完全替代海马体,或者对受损海马体有修复作用。那么,人脑工程能否适用于临床,有效治疗阿尔茨海默症、帕金森,以及其他精神障碍疾病,还未可知。

同样是来自美国加州,素有硅谷钢铁侠之称的埃隆·马斯克(Elon Musk),这个时代最伟大的科技奇才之一,则已经开始将这种研究变为现实。

马斯克曾多次公开表示 AI 要比核武器更加危险,超级智能 AI 的崛起只是时间问题。于是,他设立了一家新公司 Neuralink。这个公司的目标就是研究如何将人的思维直接输入计算机,从而做到人脑增强和人机结合。

现在的人类已经离不开计算机、手机和互联网了,如果忘记带手机出门,就像失去四肢一样。而且我们的学习速度远远不如人工智能,即使我们的眼睛可以一目十行,但是输入的内容并不能像计算机一般永久牢靠并精确无误地存储在大脑中。

这种输入与存储的不对等在慢慢拉大我们与 AI 之间的差距,而 Neuralink 就是要把人的思想直接与计算机对接,从而彻底打破键盘、鼠标和屏幕等一切在人机交互方面对人类的限制。

马斯克的新公司 Neuralink 打算给大脑研发一个接口,未来愿景的第一步是要在人脑中植入电极治疗疾病;第二步是采集并放大脑部微弱的神经信号;第三步是完成脑信号的输出和解码。先利用这种技术治疗癫痫、帕金森等脑功能障碍疾病,逐渐实现真正的人机互联。让每一个普通人都能拥有最强大脑,知识不再需要上课学习,而是像黑客帝国中的 Neo 学习武术那样直接植入记忆,通过数据线下载便可以立即学会。

现代人与原始人从基因上来看几乎没有差别,真正的差异发生在出现了语言之后,新生一代人会比之前的一代人进步更快。当出现了文字印刷术,这种速度进一步提高了,而当出现了互联网之后,这几十年的发明创造比过去上万年出现的发明创造还要多。但是,这些都比不上人工智能的出现,如果脑机接口真的实现,人类将会变成"超人"。如果植入芯片能突破限制,带给你史上最强的学习能力,你愿意吗?

通过互联网连接的计算机的传输速度是飞快的,不到几分钟就可以把一本大英百科全书传过去,而人类想要学习这些知识,则可能需要十几年的时间。

这是因为语言、文字作为一种沟通学习的通道,效率非常低。如果能够直接接入大脑,让大脑与大脑之间,大脑与AI之间直接建立联系,社会的沟通效率、协作效率和创新速度会上升到一个全新的高度。

Neuralink并不是从头研究怎么与大脑通信,他们创始团队的几位成员是从精英中挑选出来的精英,都在认知科学的科研领域/工作中作出过突出的贡献。现在最大的问题是,高精度的传感器,能够跟踪的神经元少,能够一下子跟踪所有神经元的仪器(如核磁共振)精度却不高。Neuralink要做的就是精度高,跟踪的神经元多,又同时能够便携的人脑通信设备。

虽然现在人类还不清楚大脑具体的工作原理,然而,大脑本身具有的强大可塑性让通信成为可能。很多年前,科学家给猴子做了一个单一神经元的检测器,当这个神经元被激活时,就会给猴子一个香蕉,而猴子很快就学会如何故意激活这个神经元来获得香蕉。同理,现有的人脑通信设备并没有完全破译大脑的输入/输出标准,只是让大脑主动建立和接口的联系。

一般创业者研发一个可穿戴式设备都是计步或者测量睡眠质量,而马斯克则是为人类原有的两个大脑皮层添加上第三个AI层。据他的预测,他们团队为严重脑损伤的人提供最初原型需要4年左右的时间,而做到心灵感应＋最强大脑则需要8～10年。

虽然脑机接口的研发不是普通创业者能够做的,但是可以预见到的是会涌现出一系列围绕大脑接口的应用。

未来,或许学习知识就像逛应用商店一样,不用读书和上课,新的知识和技能就从云端下载到自己的大脑里了。那么,未来教育还有存在的必要吗?这是一个值得探讨的问题。

4.3.4　探索教育人工智能的未来

总体来说,教育人工智能应用的趋势主要有以下5方面。

第一,教育人工智能为每位学生提供个性化学习的机会。

随着学习科学领域研究的不断深入,人们期望下一步智能学习系统的开发能够充分结合学习科学研究成果和人工智能技术的进步,使学习系统能够和学生之间以更自然的方式进行交互,在教师缺席的状况下承担起帮助个人与小组自主学习的角色。

第二,教育人工智能促进学生未来能力的获得。

未来能力是为了应对未来知识经济发展需求及社会进步而对人才培养提出的要求,具体包含创造性和问题解决、信息素养、自我认识和自我调控、批判性思维、学会学习和终身学习、公民责任和社会参与等内容。未来能力要求人工智能技术不应仅局限于促进学习者学习具体的、结构良好的知识与技能,还要帮助学习者获得解决复杂问题、批判性思维、多人协作等高阶能力。

第三,教育人工智能实现对学习环境中交互性数据的分析。

针对信息化教学系统与智能导师系统中存储的大量信息,如今已经形成了学习分析与教育数据挖掘两类研究群体。

第四,教育人工智能支持全球课堂的普及。

全球课堂(global classroom)的目标是为学生提供一种普及化的、随时随地能够访问的、学生深度参与的学习环境。在这样的学习环境中,处于任何水平的学生都能获得良好的学习体验。慕课能够被看作是全球课堂的雏形,但当今的慕课存在偏重知识传递、通过率低、只适应具备一定知识背景与较高学习动机的学生等局限。而人工智能技术支持下的全球课堂能够为学生提供一个云端一体、支持认知发展与相互协作的全新学习环境。

第五,教育人工智能支持人们的泛在学习与终身学习。

要实现这一目标,一方面,要求人工智能技术能够根据学生的成长改变,为学生提供合适的、高度相关的资源,以适应他们的理解与需求;另一方面,也要求人工智能技术能够有效促进对共同话题的关注,以及有效的人际交流。上述功能的实现离不开智能代理、虚拟角色等人工智能技术的普及。

人工智能必将是教育变革的未来!

技术的本质：我们为什么会警惕、抗拒和恐惧技术改变我们的教育

1. 技术的本质：技术乃是人类存在的方式

1954 年,海德格尔作了一场演讲,名为《技术的追问》。他说,技术或者技艺,在古希腊意义上的手艺或行动认知中,当时被定义为"将真带入美",那情景就如同一个古代银匠正在亲手制作一个献祭用的圣杯。技术的本质绝不是技术的,技术乃是一种解蔽方式。它是一种看见自然的方式,是让一切本质上的东西自我揭示。在古希腊神话里有埃庇米修斯(Epimethius)和普罗米修斯(Prometheus)为万物赋能的故事,这个故事有很强的象征意义。天神造完所有生物以后派这兄弟俩分配每种动物一种能力,像鸟生下来就能飞,兔子有快跑的能力,老鹰具有敏锐的眼力。但是,埃庇米修斯只有"后见之明",分到人的时候能力分光了,使得人缺乏先天本质。所以,人类既不是动物中跑得最快的,也不是身体最强壮的。普罗米修斯在检查的时候发现人没有任何能力,觉得人类很可怜,就把火偷给了人类。宙斯知道后很不高兴,惩罚了普罗米修斯。在这个故事里,火就是技术的象征。

这个神话暗含了一种寓意：人是没有本质的动物,在某种意义上说,人的本质是通过技术的方式被自我塑造出来的。技术的本质无法定义,恰恰是因为人的本质无法定义。技术是人类存在的方式,是人类塑造自我的方式。

技术作为人类存在的方式,在人类历史的发展过程中起着极其重要的推动作用。海

德格尔也承认，一直以来，我们和技术的关系还不错。技术创造了这个世界的物质与制度及由此而来的财富和安全，它使我们活得比我们的祖先更长久，使我们摆脱了很多他们曾面临的悲惨境遇。

然而，让人遗憾的是，在近现代社会的建构过程中，伴随着技术水平日益提高的却是人类生存家园的屡遭破坏，残酷的现实促使人们反思。既然技术被认为是人类用以达到自己目的的手段，为什么它反而成了让人难以控制，甚至人反受其控制的力量？换言之，技术的本质究竟是什么？

我们曾对大自然满怀尊重——实质上是敬畏，但现在，我们已经开始"攻击"自然，并且将其分解成不同的部分，以供我们随时享用。"大自然成了巨大的加油站"，技术成为人类加以利用的潜在资源，并且是仅供我们实现目的所用的资源。

然而，我们创造的技术除了响应人类的需要外，还有自己的目的。更令人担心的是，技术成为一种物（thing），不是被人类随意玩弄，而是指引人类的生活。技术本身即是目的，正如人本身即是目的。技术追求的是要世界去配合它，而不是要它去配合世界，人类生活需要向它屈服并进行适应。

2. 我们为何不安：不安是因为技术间隔我们与自然

海德格尔并没有将问题归于技术，而说问题在于随技术而来的我们的态度。

技术服务我们的生活，或者技术控制我们的生活，这两种态度的对立引起了不安，引起了一种持续的紧张情绪。这种紧张不只因为技术迫使我们去开发自然，还来源于它决定了我们大部分的生活。

这些不安与紧张的情绪，在我们看待技术的态度及围绕它的全部活动上（如在教育中）都有所表现。教育技术到底是什么？这个问题成为教育理论界争论不休的热点，并且对于教育工作者来说，是一个无法回避、必须要回答的问题。因为教育几乎和我们人类生活的所有方面都发生关联，是人类最重要和普遍的活动之一，其受到来自教育内部与外部的技术的冲击极为明显，这也引起了人们的不安。

之所以会这样，是因为对全部的人类来说，在感情上我们认同的是，自然是我们的家——我们信任的是自然，而不是技术。同时，我们仍然指望科技能照顾我们的未来——

我们寄希望于技术。这样，我们实质上是把希望寄托在了一些我们不太信任的东西上。这有点儿讽刺。就如同我们不再知道菜是怎么长出来的，肉的质量好不好，一切都是通过市场买来的，菜不是我们种的，鸡也不是我们养的，我们只能相信市场这种机制和技术，同时，伴随着对"毒食品"的恐惧和不安。

面对为我们服务和可能控制我们的技术，我们深感矛盾，但这种矛盾心理却不是来源于我们和技术的关系，而是来自我们与自然的关系。

不必对此感到惊讶。

按海德格尔的说法，技术是对自然的提示，是对自然现象的合奏和应用，因此，在最深的本质上，它应当是自然的，是极度的自然，但它却不使人感到自然。技术是为了达成我们的目标而被重新组织起来的另一个"自然"，那么在很大程度上，我们对自然与我们之间的关系，决定我们如何看待技术。

例如，我们若是仅仅运用自然现象的原始形态去驱动水车或者推动帆船，我们对技术就会有家的感觉，我们的信任和希望就不会那么不一致。

如今，随着基因工程、人工智能、原子能等种种新技术爆发，我们在利用技术的过程中远离自然，不再直接面对自然，我们与自然之间增加了一种中介，即技术，我们通过技术与自然接触，技术将我们与自然隔开。

然而，对于我们这种灵长类动物，对于我们这种以树、草和其他动物构成的环境为家的动物来说，这种感觉极度不自然。

这扰乱了我们内心深处的信赖。

这种内心深处的不安会不知不觉地反映在许多方面。我们开始转向传统，转向环境保护主义，开始回头倾听家庭价值观，我们转向原教旨主义，我们抗议。

我们警惕、抗拒技术背后的实质，无论合理与否，是恐惧。

我们害怕技术将我们与自然分离，就像新生的婴儿害怕离开母亲的怀抱，成长中的少年害怕离家远行一样。我们害怕技术破坏了自然，破坏了我们的家，让我们再也回不去。

我们更害怕曾经虚无缥缈的技术在某种程度上获得了生命，然后它会最终完全反过来控制我们。曾经完全听话，为我们所用的技术，未来我们掌控不了，甚至会掌控我们。我们害怕技术作为一种有生命的东西将会给我们带来死亡。不是"不存在"这个意义上的死亡，而是更糟糕的死亡，一种丧失自由的死亡；另一种失去意志的死亡。

3. 正确地区分：让我们更人性的技术与让我们死亡的技术

在世人看来，我们是人类，我们需要的不仅是经济上的舒适，物质上的丰富，我们还需要意义，我们需要目的，我们需要和自然融为一体。

技术若将我们与自然分离，它就会带给我们某种形态的死亡。然而，技术如果加强了我们和自然的联系，它就确立了生活，因而也就确立了我们的人性。

我们察觉到了这些，我们世代流行的神话也向我们指出了这一点，无论是在小说或者电影里。假如我们探究一下这些故事，会看到问题不在于我们是否应当拥有技术，而是我们应当接受冷酷的、无意志的技术，还是应当接受有机的、拥有生命力的技术。

在电影《终结者》系列中，代表技术"恶"的是天网。那是一个巨大的人工智能，通过不断地制造机器人控制地球奴役人类，将全部东西都置于机器的控制之下。

在《终结者1》中，施瓦辛格这个活人饰演的 T800 型机器人给人的印象就是这是一台真正的机器人，脸上没有任何表情，让人感觉没有任何事物能够阻止他，使影片气氛从头到尾都一直笼罩在"绝望"中，散发着一种令人心底发毛的恐惧感。

然而，到了《终结者2》中，同样是施瓦辛格饰演的 T800 型机器人，却让人有一点感动。观众的感动从何而来？

T800，原本是冷血的机器人杀手，不用杀死这个词，只用终结，在他看来那只是结束，因为没有真正理解生命，所以也无法真正懂得死亡。没有恐惧，没有感情，一切的一切都只是执行指令——机器的本质，但是他偏偏碰到了并不那么理解和相信这些本质的小男孩约翰。当学习的程式启动后，他开始学习，同时也开始疑惑。学会微笑，学会一些原本只属于人类的话语、手势，却仍然无法理解很多属于内心的东西，无法理解那些不属于肉体的伤痛，无法理解眼泪，那些情感让他迷惑。

对一个没有疼痛，只懂得具体度量和逻辑思维的钢铁机器来说，人性是不可理喻的，但最终 T800 还是懂得了。在理解笑容，理解信任和誓言，理解生命的时候，也渐渐理解了人性。于是，当约翰不让他离开的时候，他没有再像以前那样笨笨地问他"why?"，而是说"I'm sorry."，因为他知道他的离去会让约翰伤心，也就在那一刻，他理解了眼泪的含义。或许他仍然不懂得恐惧和绝望,但至少他懂得了爱和伤痛,那是他和那个孩子共同创造的奇迹。于是,这个以前拉人进屋都要用拎的大老粗,轻轻地抹掉了小约翰脸上的泪水将他搂在怀里,在生命的最后一刻成就了温柔,这一幕也成为了经典,永远留在了观众心中。

T800的可爱之处就在于他懂得"学习"(其实是其核心电路中有一项只读属性,去掉之后就可以接受外界事物了),在学习的过程中,T800还在尝试理解人类的感情。在电影即将结束的时候,T800为了毁掉最后一块可能会危害人类的人工智能芯片——他自己的核心处理器,把自己也沉入了钢水中。就在所有观众都认为已经没有更多剧情时,T800的手放开铁链,手指缓缓向小约翰竖起了"V",这个镜头曾经令观众久久不能平静,那一刻的感动或许只有影片的观众能够体会到。

与之对比的是,帕特里克饰演的T1000液态金属人,绝对给每个看过这部影片的人都留下了难以忘记的印象,这个机器人和T800迥然不同,它说话不多,但传神的肢体语言却令人望而生畏;它杀人如踩蚂蚁,却又和一般意义上的杀手有根本性的区别,因为它杀人的时候经常都是一击致命,从不浪费无用的动作,也不会过多地卖弄身手。

而作为英雄的T800,虽然也是机器人,但它采用的技术有所不同,这些技术不是神秘的、没有人性的。它的身体是常态的、会受伤的,并且有时需要拍打它才能使它运转。

这是至关重要的,它的技术是人性的,也是人类可以理解的。它是人类反抗者们自然的拓展,它易错、独特,因而也是仁慈的。反抗者们没有用人性和技术做交易,也没有使意志向技术投降。技术向它们投降了,而且正是因为这样做了,技术也拓展了它们的自然性。

所以,在科幻神话中,我们对技术下意识的反应是,我们并不排斥技术。

我们对技术的恐惧源自我们因对技术的间隔而产生的神秘感和陌生感,这种神秘和陌生感会令人不自觉地紧张,甚至因这种紧张带来的不适而产生恐惧和敌意,就像面对来到你家门口的陌生的异乡人。

因而,这种由陌生而来的对技术的排斥是没有必要的。正如罗伯特·皮尔西格(Robert Pirsig)说:"佛陀与上帝居住在数字计算机的电路里或者周期转动的齿轮中与居住在山巅或者莲心中同样舒服。"

技术是更深的法则的一部分，事实上，在我们的潜意识中，早已把技术奴役我们的本性和技术拓展我们的本性这两方面进行了区分。

这是一个正确的区分。我们不应当接受技术使我们失去活力，我们也不应当总把可能和想要画等号。

4. 显与隐，技术早已成就我们的教育

事实上，技术早已成就我们。

现在的我们与更早之前的我们早已完全不同。以教育为例，甚至是西方第一教师柏拉图，也曾经抵制过现代教育最重要的形式：读书写字。他认为书写形式的技术是人类相互联系的死敌。从当时的历史背景看，在古代希腊的交流文化中，当时口头交谈的应用远远超过书写著作。柏拉图推崇口传而贬低书写，他列举了书写著作的各种缺陷，强调其相对口传的从属地位。刚开始，因为图书与纸张相对口传降低了人们的记忆能力而受到轻视，但后来人们发现，学生不应该只是知识的复制者，而纸张和图书可以帮助学生减少记忆知识的投入，让学生发挥更大的潜能，激发学生的想象力和创造力，图书和纸张才得以推广。

也许，未来的人类同样会感到奇怪：现在的人类为何会反对以电子书和互联网技术开展教育，就像当初柏拉图会反对图书与纸张进入教育。现在的我们对图书和纸张早就习以为常，甚至将图书和纸张视为教育的标志，例如，图书馆、书籍、笔记本的图像都会成为教育的代表性标志。现在的人们想象不出没有图书和纸张的教育该如何开展，也没有谁会认为开展没有图书和纸张的教育会有何意义。图书与纸张仿佛天然地就是教育的一部分，教育就应该是这样的，没有人会去想更早的人类教育根本就是在没有图书和纸张的基础上展开的。图书与纸张成为现在教育天然的"背景"，甚至人们都不会在开展教育时注意到这些技术。

技术成为背景而被人们遗忘不是偶然的，是因为技术本身固有的自我隐蔽性，使得它不引人注目。一旦有新技术与教育的相互适应协调，教育作为活动主体进入有序状态，技术就退隐入背景，不再为人所关注。只有在颠覆性的新技术介入，教育作为主体出现无序状态时，人们才会关注技术在自然的跌落过程中扮演的隐蔽，但又是支配性的角色。

因而,在这个没有技术就没有我们人类的时代,不管我们愿意与否,技术都在改变我们的生活。同样,也不管我们愿意与否,技术必然会改变我们的教育。即使目前教育内的技术没有这种力量,改变我们生活的技术也会逼迫而来,它通过改变我们的生活逼迫我们的教育必须作出改变。无论是国内,还是国外,技术都将不再是教育里的边缘角色,它的作用越来越核心化,尤其是以云计算、大数据和人工智能为代表的新一代技术,在未来的一段时期将会为教育带来翻天覆地的变革。

正如美国公布的 2016 年美国国家教育的技术计划与上一轮相比发生的变化一样,不再争论是否应该把教育技术当作核心关键点,而是讨论如何利用教育技术改善学生的学业表现。

或许是时候,压抑我们心中的恐惧,硬着头皮,向着因为未知而神秘的技术走去,并花更多的时间去亲近技术、了解技术,抚平心中的不安,成为技术的主人,成为未来教育的主人。

参考资料

后　记

现在的教育人工智能及自适应学习领域与 2000 年时的在线教育相比,在许多方面的处境很相似。当时,很多人嘴里说着一大串的新名词,比如实施线上线下混合学习的教育工作者常混淆哪一个是"真正的混合"。除非明确定义,否则"慕课""混合学习"这些强大而重要的概念对那些最需要的人既无意义,又无用。

对于教育工作者和技术专家来说,为"自适应学习"给出一个明确而系统的介绍是至关重要的。有了共同的语言,有了共同案例,才能通过它们传达自适应学习及其潜能,并参与其中,而不是只能远远地道听途说。

这种状况促使我提出 3 个问题:

- 什么是自适应学习? 有何价值? 与人工智能有何关系?
- 自适应学习黑盒子里面有什么? 怎样开发?
- 人工智能及自适应学习工具如何不同? 怎么运用? 对教育产生什么样的影响?

当前的任务是回答这些问题,以助于自适应学习技术的共同理解和定义。

这是至关重要的,因为答案将有助于所有人更好地接近这一概念背后的承诺,以改善教学和学习。这些研究得出了一个定义以及一个理解工具可能适应不同方式的框架。

希望本书为教育工作者提供符合其教学需求的内容,以便他们能够更好地了解某个工具将如何帮助其满足某些需求。有了这些信息,希望教育工作者能够更有权力在课堂上宣传他们想要的功能。通过提供一种共通的语言,希望教育科技工作者能够更清楚地传达自己的价值,教育者了解每个工具可以产生的影响。最重要的是,希望这项研究将为学习者推出更好的学习决策、更好的产品设计,为教师提供更好的专业发展、更好的实施方案。

为此,我与清华大学出版社的策划编辑白立军老师一拍即合,快速立项。在合作过程中,他及他的同事们睿智果敢,诚实可靠,对这个项目作出了很多贡献。能够与他们这样优秀的人一起合作,我无法用语言表达我的感激之情。

最后，我要深深地感谢我的家人，我爱你们！写作终稿期间，也是我们的宝贝李好来到这个世界的日子，家人承担了大部分的事务和辛劳。你们不仅理解写作对我们生活的影响，还赋予我毫无条件的爱与支持。感谢我的父母李艳东和陶国英！感谢我的岳父母汪春发和徐丽君！感谢我的爱人汪瑜！我将本书献给你们。

李　韧

玫瑰碗·北京

2025 年 4 月 8 日